Typenatlas Jagdflugzeuge

Jagdflugzeuge

1939 – 1942

Herbert Ringlstetter

Heute sind sie die Glanzlichter etlicher Flugschauen und begeistern mit eleganten Flugmanövern und dem kernigen Klang ihrer starken Motoren: Jagdflugzeuge des Zweiten Weltkriegs, wie Messerschmitts Bf 109 oder die berühmte Spitfire. Begeisterung herrschte auch bei den jungen Piloten, die sie in den 1930er- und 40er-Jahren flogen und so manch Unerlaubtes mit den Jägern trieben. In den hohen Führungsrängen interessierte man sich weniger für den fliegerischen Reiz, den die Jagdmaschinen bescherten, als vielmehr für deren Kampfwert. Unter dem Druck des Krieges nahm die technologische Entwicklungsgeschwindigkeit rasant zu.

Konstruktionsgrundlage dieser schnellen Jäger war der frei tragende Tiefdecker, der sich von Mitte der 1930er-Jahre an durchsetzte. Der bis dahin vorherrschende Doppeldecker verschwand. Auch wenn einige Konstrukteure und Luftwaffenverantwortliche noch sehr hohen Wert auf Wendigkeit legten, das Augenmerk richtete sich zunehmend auf hohe Geschwindigkeit. Konnte eine Maschine beides in überlegenem Maße vereinigen, kam dies einer Trumpfkarte gleich. Die Focke-Wulf Fw 190 triumphierte dieserart 1941. In aller Eile machte man sich damals bei Supermarine daran, eine wenigstens gleichstarke Spitfire an die Front zu bringen. Mitsubishi gelang dieses Kunststück mit der A6M, die Zero deklassierte ihre Gegner 1942 regelrecht. Parallel zu den Flugzeugzellen entwickelten sich auch die Motoren, denn ohne das passende Triebwerk ging nichts. Italien hatte die Entwicklung leistungsstarker Antriebe verschlafen, erst mit dem Lizenzbau deutscher Motoren konnten die italienischen Flugzeugbauer ihr Können unter Beweis stellen. Mit Ausnahme der Ostfront,

spielten sich die Kampfhandlungen zunehmend in großen Einsatzhöhen ab. Wieder war der passende Antrieb gefragt. Eine Misere, die BMW für die Fw 190 lange Zeit nicht lösen konnte. North American ging es mit ihrer ansonsten ausgezeichneten P-51 bis ins Jahr 1943 nicht anders.

Im vorliegenden Buch sind praktisch alle Typen zu finden, die sich in der Zeit von 1939 bis 1942 im Einsatz befanden. Je nach Muster habe ich mich für den kompletten Werdegang bis Kriegsende und teilweise auch darüber hinaus entschieden. So etwa bei Typen, deren Haupteinsatzzeit 1942 bereits vorüber war. Im Folgeband *Jagdflugzeuge von 1942–1945* werden die Entwicklungs- und Einsatzgeschichten etlicher Typen, wie der Bf 109, Fw 190, Spitfire oder P-51, fortgesetzt.

Zurück zu den Männern und im Falle der UdSSR auch jungen Frauen, die damals diese mitunter recht schwierig zu fliegenden Jagdboliden im Kampfeinsatz führten. Hinter all der Technik waren sie es, die letztlich Einsatzgeschichte schrieben. Manche von ihnen ragten aus der Masse hervor, indem sie besonders erfolgreich das taten, wofür sie ausgebildet waren: Abschüsse erzielen. Sie wurden zu Assen, in der deutschen Luftwaffe Experten genannt, die in allen Nationen von der Propaganda zu Helden stilisiert wurden. Die meisten Piloten aber blieben unbekannt, tausende starben den Fliegertod. Einige von ihnen sind auf den Fotos zu sehen, die den Streifzug durch die internationale Jagdflugzeug-Entwicklung ein Stück weit lebendig werden lassen.

Herzlichst
Herbert Ringlstetter

In Erinnerung an die Flieger aller Nationen, die im Zweiten Weltkrieg ihr Leben ließen

Hauptmann Helmut Wick im Herbst 1940 in seiner Bf 109 E-4. Wick genoss für kurze Zeit den Ruhm eines höchstdekorierten Experten, eines strahlenden Helden der Jagdwaffe. Wick wurde am 28. November 1940 über dem Kanal abgeschossen und stieg mit dem Fallschirm aus – er wurde nie gefunden.

Deutschland

Da Deutschland dem Versailler Vertrag zufolge Luftstreitkräfte untersagt waren, entstand die neue deutsche Luftwaffe im Geheimen. Mit der Machtergreifung der Nationalsozialisten 1933 erfuhr die Entwicklung von Kriegsflugzeugen enormen Auftrieb. Im März 1935 wurde das Bestehen der Luftwaffe offiziell bekannt gegeben. 1939 gehörte die deutsche Luftwaffe zu den stärksten der Welt. Ihre Ausrüstung befand sich großteils auf dem neuesten Stand. Mit der Messerschmitt Bf 109 hatte man zu Kriegsbeginn einen der besten Jagdeinsitzer in den Reihen. Die 1941 eingeführte Focke-Wulf Fw 190 deklassierte gar die britische Spitfire.

Die Ausweitung des Krieges, der in dieser Form und Länge deutscherseits nie geplant war, überforderte jedoch die Luftwaffe zunehmend. Der Kriegseintritt der USA Ende 1941 und die enormen Frontausdehnungen von Norwegen bis Nordafrika und von den Weiten des Atlantiks bis weit in die Sowjetunion hinein hatten ihren Preis. Die Jagdwaffe hatte dabei eine Aufgabe zu bewältigen, der sie immer weniger gewachsen war. Darüber konnten auch die hohen Abschusszahlen der deutschen Jagdflieger nicht hinwegtäuschen.

Focke-Wulf Fw 190 A-2
des JG 26 im Frühjahr 1942

Ar 68 E mit Jumo-210-E-Motor, der wesentlich kleiner und leichter war als der BMW VI 7.3 Z. Außerdem bot er eine bessere Höhenleistung. Darüber sind die beiden MG 17 angeordnet.

Ar 65 F mit dem bewährten, aber veralteten BMW VI 7.3 Z, einem stehenden V-12-Motor

IN KLASSISCHER MANIER

Arado Ar 68

Mitte der 1930er-Jahre prägte nach wie vor der offene, wendige Doppeldecker das Bild des klassischen Jagdflugzeuges. Mit der Ar 68 erhielt die Luftwaffe den letzten seiner Art

B ei Arado setzte man 1933/34 die Jägerentwicklung mit der Ar 68 fort und entschied sich erneut für eine klassische Doppeldecker-Konstruktion in Gemischtbauweise. Der Anderthalbdecker mit kleinem Unterflügelpaar zeigte sich fliegerisch ausgezeichnet und bot gute Flugleistungen.

Die zunächst produzierte Ar 65 F erhielt den bewährten BMW VI 7.3 Z als Antrieb. Die Bewaffnung bestand aus zwei Maschinengewehren MG 17 mit je 500 Schuss. Ab Mitte 1936 gelangte die Ar 68 F zur Luftwaffe, wo sie neben der Erstausrüstung neuer Jagdeinheiten die bis dahin geflogene Heinkel He 51 ablöste. 1937 folgte die mit dem leichteren Junkers Jumo 210 A ausgerüstete leistungsstärkere E-Version. Die verbesserte Ar 68 H mit 850-PS-BMW-132-Sternmotor, geschlossener Kanzel und vier MG erreichte rund 400 km/h und 9000 Meter Höhe, ging jedoch nicht in Serie.

Bis März 1938 wurden 514 Exemplare des letzten deutschen Jagddoppeldeckers gebaut. Ab Frühjahr 1937 ersetzte Messerschmitts Eindecker Bf 109 B die Ar 68, die an Flugschulen abgegeben wurden. Ein paar Ar 68 zog man 1939 in den ersten Kriegsmonaten noch behelfsmäßig zu Nachtjagd- und Dämmerungs-Einsätzen heran, wo sie sich durchaus bewährten.

TECHNISCHE DATEN	
Arado Ar 68 E	
Einsatzzweck: Einsitziges Jagdflugzeug	
Antrieb: Jumo 210 E hängender V-12-Zylinder-motor	
Startleistung: 690 PS	
Länge: 9,67	
Spannweite: 11,00 m oben 8,00 m unten	
Höhe: 3,30 m	
Flügelfläche: 27,30 m²	
Leergewicht: 1600 kg	
Startgewicht: 2020 kg	
Höchstgeschwindigkeit: 335 km/h in 2650 m	
Steigzeit: 12,5 m/sec in Bodennähe 6000 m in 10 min	
Reichweite max.: 500 km	
Dienstgipfelhöhe: 8100 m	
Bewaffnung: 2 x MG 17 - 7,92 mm 6 x 10-kg-Bombe möglich	

Ein robustes und fliegerisch gutes Flugzeug: He 112 B

DIE VERPASSTE CHANCE
Heinkel He 112 und He 100

Heinkel brachte mit der He 112 1936/37 ein brauchbares Jagdflugzeug. Leistungsmäßig flog man aber erst mit der He 100 ganz nach vorne

Werkspilot Hans Dieterle in der He 100 V8, mit der er am 30. März 1939 eine Durchschnittsgeschwindigkeit von 746,606 km/h erflog und damit den absoluten Geschwindigkeits-Weltrekord nach Deutschland holte.

Bereits 1933 begannen bei Heinkel die Arbeiten am Rüstungsflugzeug IV, einem anspruchsvollen, modernen Jäger. Heraus kam ein nahezu komplett aus Metall gefertigter, frei tragender Tiefdecker mit Einziehfahrwerk. Auffällig an der He 112 V1, die am 1. September 1935 erstmals abhob, waren die für Heinkel typischen elliptischen Tragflächen. Mangels deutschem Triebwerk kam in der V1 ein Rolls-Royce Kestrel IIS zum Einbau. Die V2 flog dagegen bereits mit einem Junkers Jumo 210 C mit Dreiblattpropeller. Fliegerisch vermochte die He 112 zwar durchaus zu gefallen, doch war sie zu schwer geraten, was besonders im Vergleich zur stärksten Rivalin, der Bf 109, zutage trat.

Einen herben Rückschlag erlitt die Heinkel-Mannschaft am 15. April 1936, als Testpilot Nitschke während eines Vergleichsfliegens die He 112 V2 nicht mehr aus dem Flachtrudeln brachte und mit dem Fallschirm abspringen musste. Die Bf 109 schien das Rennen zu machen. Sie punktete mit besseren Flugleistungen und war günstiger herzustellen. Die He 112 war dagegen von einem Durchschnitts-Flugzeugführer leichter zu handhaben, insbesondere zu landen.

Mit überarbeitetem Rumpf und Tragflächen entstand mit der He 112 B praktisch ein neues Flugzeug. Die „112" hatte an Eleganz gewonnen und reichte leistungsmäßig an die Bf 109 B heran oder übertraf sie sogar. Die Bewaffnung bestand aus zwei MG FF in den Flächen sowie zwei MG 17 im Rumpf. Doch hatte sich das Reichsluftfahrtministerium (RLM) Anfang 1937 für die Bf 109 entschieden, und Heinkel blieb nur der Exportmarkt. So fanden 80 He 112 E (Exportversion der B) sowie mindestens zwei V-Muster den Weg ins Ausland. Japan erhielt 30, Rumänien 30 und Ungarn 3 He 112. 19 He 112 E wurden an die nationalspanische Luftwaffe geliefert. Nur zwei He 112 (V6 und V9) kamen bei der Legion Condor in Spanien zum Einsatz. In der deutschen Luftwaffe hatte die He 112 nur ein kurzes Gastspiel, als für den Export bestimmte He 112

1938 während der Sudetenkrise vorübergehend bei der IV./JG 132 in Dienst standen. Nicht wenige Flugzeugführer, die sowohl die Bf 109 als auch Heinkels He 112 geflogen hatten, hielten den Heinkel-Jäger für das insgesamt bessere Flugzeug.

Hochleistungsjäger He 100

Bei Heinkel ließ man nicht locker und arbeitete ab Mitte 1937 an einem neuen Spitzenjäger, der mindestens 650 km/h schnell und leichter als die Bf 109 sein sollte, der He 100. An Einzelteilen konnten gegenüber der He 112 beachtliche 62 % eingespart werden. Den Antrieb der He 100 besorgte ein Daimler-Benz DB 601. Dessen Kühlung übernahm ein neuartiges, widerstandsarmes Oberflächenkühlsystem (Verdampfungskühlung). Dabei wurden Teilflächen der Flügel, Seitenflosse und des Rumpfrückens zur Kühlung genutzt. Die He 100 war entsprechend schnell: Am 5. Juni 1938 schraubte Ernst Udet mit der He 100 V2 den Weltrekord für Landflugzeuge über eine Distanz von 100 km auf 634,73 km/h.

Ab September 1938 entstanden 25 A-0-Vorserienflugzeuge (oft auch He 100 D genannt) mit einer Bewaffnung aus zwei MG 17 in den Flügeln sowie einem durch die hohle Luftschraubenwelle feuernden MG FF. Kühlprobleme erforderten jedoch den Einbau eines einziehbaren Bauchkühlers für Start und Steigflug. Im November 1938 erteilte das RLM Heinkel auch für die He 100 eine Absage. Luftwaffe-Testpiloten bemängelten die hohe Flächenbelastung und Landegeschwindigkeit sowie schlechte Längsstabilität der He 100. Auch das Kühlsystem stieß auf wenig Zuspruch.

Rekordjäger

Mit der speziell präparierten He 100 V8 flog Heinkel abermals auf Rekordjagd: Am 30. März 1939 holte Werkspilot Hans Dieterle mit 746,606 km/h den absoluten Geschwindigkeits-Weltrekord nach Deutschland. Offiziell wurde die Maschine als He 112 U bezeichnet. Doch Heinkels Triumph währt nicht lange: Schon am 26. April 1939 überbot Fritz Wendel in der Messerschmitt Me 209 R mit 755,138 km/h Heinkels Rekord.

Gebaut wurden wohl nur 24 He 100. Zwei Maschinen gingen nach Japan, zehn orderte die UdSSR. Aus den übrigen He 100 bildete Heinkel im Oktober 1939 eine Werkschutzstaffel. Die deutsche Propaganda gaukelte der Öffentlichkeit dagegen vor, es gäbe neben der Bf 109 einen zweiten Jagdeinsitzer im Dienst der Luftwaffe, die He 113.

Propaganda-Jäger He 100, der als He 113 bezeichnet wurde. Ob die He 100 im Vergleich zur Bf 109 insgesamt die bessere Wahl gewesen wäre, sei dahingestellt, sicher aber war die He 100 eines der außergewöhnlichsten Flugzeuge ihrer Zeit.

TECHNISCHE DATEN		
Heinkel	**He 112 B (E)**	**He 100 A-0 (D)**
Einsatzzweck	Einsitziges Jagdflugzeug	
Antrieb	Junkers Jumo 210 E V-12-Zylindermotor	Daimler-Benz DB 601 M
Startleistung	680 PS	1175 PS
Länge	9,30 m	9,40 m
Spannweite	9,10 m	8,20 m
Höhe	3,85 m	3,60 m
Flügelfläche	17,00 m²	14,60 m²
Leergewicht	1620 kg	1810 kg
Startgewicht	2250 kg	2500 kg
Höchstgeschwindigkeit	485 km/h in 4000 m	670 km/h in 5000 m
Steigzeit	1000 m in 1,3 min 6000 m in 9,5 min	- 6000 m in 7,8 min
Reichweite	700 - 1000 km	1000 km
Dienstgipfelhöhe	8500 m	11.000 m
Bewaffnung	2 x MG 17 - 7,92 mm 2 x MG FF - 20 mm 6 x 10-kg-Bombe	2 x MG 17 - 7,92 mm 1 x MG FF - 20 mm od. 2 x MG 151 - 15 mm

Eine Bf 109 E-4/Trop an der liby-schen Küste. Die „Schwarze 8" gehörte zur I. Gruppe des JG 27 und wurde von Oberleutnant Werner Schroer geflogen.

Das „Gesicht" der Bf 109 V1 mit großem Kühlereinlass und wegen des stehenden Rolls-Royce-V-12-Motors oben liegenden Auspuffrohren

DER STANDARDJÄGER DER LUFTWAFFE

Messerschmitt Bf 109 A–F

Mit der Bf 109 schrieb Messerschmitt Luftfahrtgeschichte: Mit rund 33 000 Maschinen ist sie das meistgebaute Jagd-flugzeug der Welt. Schon über Spanien verdiente sich die Bf 109 ihre ersten Sporen

Im Februar 1934 beauftragte das Reichsluftfahrtministerium (RLM) die Firmen Arado, Heinkel, Bayerische Flugzeugwerke (BFW) und etwas später auch Focke-Wulf, einen modernen einsitzigen Verfolgungs-Jagd-einsitzer zu entwerfen. Der als Rüstungsflugzeug IV geführte Jäger sollte mindestens 400 km/h schnell sein und eine Dienstgipfelhöhe von 9000 Meter erreichen. Die höchste Priorität legte das RLM auf die Flug-geschwindigkeit, gefolgt von Steigleistung und Wendigkeit. Für die als Außenseiter eingestuften BFW mit ihrem Chefkonstrukteur Willy Messerschmitt waren die Aussichten, die Ausschreibung gegen die beiden in der Konstruktion von Jagdflugzeugen erfahrenen Firmen Heinkel und Arado zu gewinnen, relativ gering.

Moderne Konstruktion

Unter der Leitung von Robert Lusser entworfen und von Richard Bauer konstruiert, entstand ein freitragender Tiefdecker mit einziehbarem Hauptfahrwerk. Dabei kamen zahlreiche Konstruktionsmerkmale des viersitzigen Reiseflugzeugs Bf 108 (1934) zur Anwendung. Der Rumpf war unter Verwendung von Dural-Glattblech in leichter Ganzmetall-Schalenbauweise ausgeführt. Ebenso die mit automatischen Vorflügeln ausgestatteten Flächen. Das Hauptfahrwerk war am Rumpf angeschlos-sen, woraus sich eine Spurweite von nur zwei Metern ergab. Dies begüns-tigte einen Mangel der 109-Konstruktion, der sie ihr ganzes Leben

Das erste Versuchsflugzeug der 109-Reihe: Bf 109 V1, D-IABI, Werknummer 758

Bf 109 B mit Verstellpropeller. Ab 1937 begann die Ausstattung der deutschen Jagdeinheiten mit den modernen Messerschmitt-Jägern, und auch andere Nationen, darunter die Schweiz, zeigten Interesse an dem Jäger.

begleiten sollte: Die eng stehenden Fahrwerksbeine, gepaart mit der Neigung, während Start und Landung die linke Fläche hängen zu lassen, führte immer wieder zu Unfällen.

Mangels deutschem Triebwerk erhielt das erste Versuchsmuster einen 695 PS starken britischen Rolls Royce Kestrel II S. Mit Werkspilot Hans Dietrich Knoetzsch am Steuer hob die Bf 109 V1 am 28. Mai 1935 erstmals auf dem Werksflugplatz in Haunstetten bei Augsburg ab. Die Flugeigenschaften waren insgesamt gut. Die fehlende Längsstabilität verbesserte man bald durch eine vergrößerte V-Stellung der Flügel. Bereits das zweite Versuchsflugzeug konnte mit einem 680 PS starken Junkers Jumo 210 A ausgerüstet werden. Letztlich setzte sich die Bf 109 gegen die Konkurrenzmuster Ar 80, He 112 und Fw 159 durch, wenngleich einiges für die He 112 sprach, die für einen Durchschnittsflugzeugführer leichter zu handhaben war. Etwas bessere Flugleistungen und die günstigere Bauweise sprachen aber für die Bf 109.

Bf 109 A der 2. Staffel der Jagdgruppe 88. Die Maschine gehörte zu den ersten ab März 1936 in Spanien eingesetzten Bf 109.

Mit Jumo-Motoren

Nach wenigen A-Serienflugzeugen mit zwei oberhalb des Motors installierten Maschinengewehren MG 17, ging die B-1-Variante, ausgestattet mit einem weiteren MG 17, feuernd durch die hohle Luftschraubenwelle,

Bf 109 D-1 des Staffelkapitäns der 1./Jagdgruppe 102 im September 1939

Blick auf den DB 601 einer Emil. Unter dem Motor ist der Öl-kühler zu sehen, oberhalb sind die beiden MG 17 eingebaut.

Ein Schwachpunkt der Bf 109 war das eng stehende Haupt-fahrwerk. Der Vorteil: Da am Rumpf angeschlossen, konnte die Maschine zur Demontage der Tragflächen auf den eigenen Beinen stehen, was Transport und Wartung erleichterte.

in Serie. Die zunächst verbaute feste Holzluftschraube wich bald schon einem Verstellpropeller aus Metall. Angetrieben wurde die Berta von einem Jumo 210 D. Das mittlere MG bereitete jedoch Schwierigkeiten, sodass die Folgeversion C-1 stattdessen zwei zusätzliche MG 17 in den Flächen erhielt. Für die Bf 109 D war ursprünglich der wesentlich stärkere Daimler-Benz DB 600 vorgesehen. Da dieser noch nicht verfügbar war, bekam die Cäsar den bewährten Jumo 210 D. Im Sommer 1937 nahmen fünf Bf 109 am IV. Zürcher Flugmeetings teil, aus dem sie in mehreren Wettbewerbskategorien als Sieger hervorgingen und weltweit großes Aufsehen erregten.

Ein Riesenschritt: Bf 109 Emil

Inzwischen stand der Daimler-Benz DB 601 A mit Einspritzanlage zur Verfügung. Der gewaltige V-12-Motor mit 33,9 Liter Hubraum und einer Startleistung von 1100 PS verhalf dem kleinen Jäger zu einem enormen Leistungssprung. Allein die Höchstgeschwindigkeit stieg um rund 100 km/h an. Schon vor Einführung der strukturell überarbeiteten E-Reihe hatte Werkspilot Hermann Wurster am 11. November 1937 mit der speziell präparierten Bf 109 V13 mit 610,95 km/h einen neuen Geschwin-digkeits-Weltrekord für Landflugzeuge aufgestellt. Der hierfür benutzte Antrieb war jedoch ein hochgezüchteter DB 601. Offiziell hieß das Flug-zeug B.F.113.R. und wurde von einem DB 600 mit 950 PS angetrieben. Vom künftigen Hochleistungs-Serienmotor DB 601 sollte nichts nach außen dringen. Die Emil unterschied sich auch äußerlich von den Vorgängern: Der Ölkühler war jetzt unterhalb des Motors installiert,

Bf 109 E-4 der 9./JG 26, geflogen von Staffelkapitän Oberleutnant Gerhard Schöpfel im Sommer 1940. Die gelben Markierungen dienten der Freund-/Feinderkennung.

Hauptmann Helmut Wick in seiner Bf 109 E-4 des JG 2. Wick war der erfolgreichste Jagdflieger während der Battle of Britain, auf deutscher Seite lediglich Kanalkampf genannt. Wick gilt seit dem 28.11.1940 nach seinem 56. Luftsieg als vermisst.

Ass Adolf Galland ließ sich einen Zigarrenanzünder und -halter in seine Emil einbauen. Zeitweise war auch ein Zielfernrohr installiert.

während die Kühlflüssigkeit über zwei flache Kühler unter den Tragflächen im Anschluss an die Landeklappen auf Temperatur gehalten wurde. Die Bewaffnung der Bf 109 E-1, die 1938 in Fertigung ging, bestand noch aus vier MG 17. Der in Rumpfmitte untergebrachte Kraftstofftank wurde wegen des trinkfreudigeren DB 601 vergrößert und fasste 400 Liter. Durch den Einbau von zwei MG FF, Kaliber 20 Millimeter, in den Tragflächen konnte mit der Bf 109 E-3 die Feuerkraft erheblich gesteigert werden. Die E-2 soll dagegen nicht in Serie gegangen sein, wenngleich Unterlagen der Wiener Neustädter Flugzeugwerke etwas anderes aussagen. Mittels Träger ETC 500 konnte eine 250-kg-Bombe unter den Rumpf gehängt werden. Schon im Laufe der E-3-Serie sowie durchgehend bei der E-4 wurde die Emil mit einer neuen Kabinenhaube ausgerüstet. Ein Kopf- und Rückenpanzer konnte bei älteren Flugzeugen nachgerüstet werden. Einige E-4 erhielten den leistungsgesteigerten DB 601 N, der mit 100-Oktan-Kraftstoff (C3) betrieben werden musste. Für den Einsatz in südlichen Gefilden gab es eine Tropen-Ausrüstung mit Sandfilter (Trop), die nachträglich installiert werden konnte. Die Bf 109 E-5 und E-6 kamen als Nahaufklärer an die Front. Die E-7 konnte wahlweise einen 300-l-Zusatztank oder eine Bombe unter dem

Der Führerraum einer Bf 109 E. Die Kabine war relativ eng, vermittelte dadurch aber auch ein gutes Gefühl für die Maschine.

Bf 109 E-7/Trop mit Sandfilter vor dem Ladereinlass und spitzer Propellerhaube. Unter dem Rumpf ist ein 300-l-Zusatztank eingehängt. Aus der Fläche ragt der Lauf eines MG FF, für das 60 Schuss zur Verfügung standen.

Rumpf mitführen. Den Zusatz Z führten Maschinen, die mit einer in Höhen über 6500 Meter leistungssteigernd (280 PS) wirkenden GM-1-Anlage ausgerüstet waren. Die E-8 flog als Jäger mit erhöhter Reichweite, die E-9 als Höhenaufklärer. Für den Einsatz auf dem in Bau befindlichen Flugzeugträger Graf Zeppelin entstand auf Basis der E-Reihe die Bf 109 T mit einer Spannweite von 11,08 Meter und Fanghaken.

Friedrich, der fliegerische Höhepunkt

Sowohl in fertigungs- wie auch flugtechnischer Hinsicht erfuhr die 109-Zelle schon ab Mitte 1938 eine gründliche Überarbeitung. Heraus kam die Bf 109 F mit vergrößerter Propellerhaube und angepasster Motorverkleidung. Strömungsgünstiger wurden auch die Flüssigkeitskühler unter den Tragflächen gestaltet, die nun runde Endkappen aufwiesen. Die Höhenleitwerksflossen waren frei tragend und das Spornrad konnte halb eingezogen werden.

Eine Bf 109 E des JG 53 mit dem Geschwaderemblem auf der gelben Motorverkleidung, die der besseren Freund-/Feindererkennung diente.

Gegenüber der Emil entfielen bei der Friedrich die MG FF in den Flügeln, dafür kam ein MG FF/M, das durch die hohle Luftschraubennabe schoss, zum Einbau. Die beiden MG 17 über dem Motor blieben. Die nun zentrierte Waffenauslegung hatte zwar insgesamt an Feuerkraft verloren, das Flugzeug wurde aber durch das Wegfallen der schweren Flügelbewaffnung wendiger. So kam eine 109 heraus, die in fliegerischer Hinsicht wohl den Höhepunkt in der Entwicklungsgeschichte der Bf 109 darstellt. Manche Piloten sahen die schwächere Bewaffnung als Rückschritt an und zogen es vor, weiterhin die Emil zu fliegen. Besonders gute Schützen schätzten dagegen die Verbindung von verbesserten Leistungen und zentrierter Feuerkraft.

Etliche Todesstürze durch abgerissene Leitwerke wegen zu schwach ausgelegter Träger überschatteten die frühe Einsatzzeit der Friedrich. Verstärkungsbleche schafften Abhilfe. Die Folgeversion F-2, deren Produktion noch im Januar 1941 anlief, erhielt als Motorbewaffnung ein 15-mm-MG-151/15 mit erhöhter Mündungsgeschwindigkeit und

Hermann Graf (links) vor seiner Bf 109 F des JG 52. Graf stieg an der Ostfront zu einem der erfolgreichsten Jagdflieger auf und erzielte bis März 1944 212 Luftsiege.

Eine Bf 109 F des JG 53 mit provisorischem Wintertarnanstrich wird gewartet und aufmunitioniert.

Schussfolge. Wenigen Bf 109 F-3 folgte die Großserie F-4 mit dem 1350 PS starken DB 601 E, der mit 87-Oktan-Treibstoff auskam. Dem Wunsch nach stärkerer Bewaffnung kam man mit dem Einbau des 20-mm-MG-151/20 nach. Zudem konnten per Rüstsatz (R1) zwei MG 151/20 mitgeführt werden, die in Gondeln unter den Tragflächen montiert wurden.
Als schneller Fotoaufklärer mit nur zwei MG 17 kam die F-5 zur Truppe.
Der nächste Entwicklungsschritt führte zur meistgebauten Baureihe, der Bf 109 G wie Gustav.

In der aufgeklappten Kabinenhaube dieser Emil ist die Rücken- und Kopfpanzerplatte zu sehen.

Bewährt im Einsatz

Ein willkommenes Testfeld für den neuen Jäger erschloss sich ab März 1937 während des Spanischen Bürgerkrieges im Rahmen der deutschen Legion Condor. Nach anfänglichen Schwierigkeiten entwickelten die deutschen Jagdflieger der Bf 109 angepasste neue Kampftaktiken, darunter der Vierfinger-Schwarm, und errangen bald die Luftherrschaft über Spanien. Die flexible Schwarmformation mit zwei Rotten wurde später auch von den anderen Luftwaffen übernommen.
Besonders die Battle of Britain im Sommer und Herbst 1940 kennzeichnet die Einsatzzeit der Bf 109 E. Gegen die britischen Hurricane und Spitfire erkämpften die ersten deutschen Experten wie Mölders, Galland und Wick ihren Ruhm. Zweifellos war die Bf 109 E damals neben der Spitfire

Experte unter den Experten: Hans-Joachim Marseille, der „Stern von Afrika", auf seiner „Gelben 14", einer Bf 109 F-4/Trop des JG 27 in Nordafrika 1942.

das beste im Einsatz befindliche Jagdflugzeug überhaupt. Die Bf 109 F konnte die Spitfire Mk II in Sachen Flugleistungen kurzzeitig übertrumpfen, doch zogen die Briten mit der Mk V nach. An der Kanalküste, der Ostfront und über Nordafrika hatten die deutschen Jagdflieger mit der Bf 109 F ein ausgezeichnetes Jagdflugzeug zur Verfügung, mit dem sie keinen Gegner zu fürchten brauchten.

TECHNISCHE DATEN

Messerschmitt Bf 109	B-1	E-4	F-4
Einsatzzweck	Einsitziger Jäger	Jäger und Jagdbomber	
Besatzung	2	2	2
Antrieb	Junkers Jumo 210 D	Daimler-Benz DB 601 Aa	DB 601 E
	flüssigkeitsgekühlter V-12-Zylindermotor		
Startleistung	680 PS	1175 PS	1350 PS
Kampfleistung	-	1050 PS in 4100 m	1180 PS in 6000 m
Länge	8,70 m	8,76 m	9,02 m
Spannweite	9,90 m	9,90 m	9,92 m
Höhe	2,45 m (Spornlage)	2,60 m	2,60 m
Flügelfläche	16,40 m²	16,40 m²	16,05 m²
Leergewicht	1432 kg	1865 kg	2086 kg
Startgewicht max.	1955 kg	1608 kg	2890 kg
Höchstgeschwindigkeit	460 km/h	560 km/h in 4500 m	605 km/h in 6200 m
Anfangssteigleistung	1000 m in 1,25 min	1000 m in 1,0 min	1000 m in 1,0 min
	4000 m 5,6 min	3000 m in 3,0 min	-
	6000 m in 9,8 min	6000 m in 6,3 min	6000 m in 6,0 min
	-	9000 m in 16,0 min	-
Reichweite	450 km	560 km	700 km
Dienstgipfelhöhe	8750 m	10.500 m	11.600 m
Bewaffnung	2 - 3 x MG 17 - 7,92 mm	2 x MG 17	2 x MG 17
		2 x MG FF – 20 mm	2 x MG 151/20 – 20 mm
			2 x MG 151/20 als
			Rüstsatz mögl.
Abwurflast	keine	max. 500 kg, üblich waren 250 kg	

Bf 109 E-4/Trop der 3./JG 27 mit feldmäßigem Tarnanstrich in Nordafrika 1941

Bf 109 F-4/B der 10./JG 53, der Jagdbomberstaffel des Geschwaders, stationiert auf Sizilien 1942

Bf 109 F-4 der 3./JG 27, W.Nr. 8673, geflogen von Hans-Joachim Marseille im September 1942 mit 136 Abschuss-markierungen auf dem Seitenruder

Bf 109 F-2 vom Stab/JG 54, geflogen von Geschwaderkommodore Major Hannes Trautloft an der Ostfront 1942

* Die korrekte Bezeichnung lautet Bf (für Bayerische Flugzeugwerke AG - BFW) 110. Erst mit der Umwandlung der BFW in die Messerschmitt AG Mitte 1938 änderte sich das Kürzel für die von da an konstruierten Flugzeuge in Me. Umgangssprachlich wurde und wird jedoch meist das Kürzel Me verwendet.

Bf 110 D der III./ZG 26 mit abwerfbaren 900 l-Zusatztanks 1941/42 im Mittelmeerraum. Die vordere „110" trägt sowohl das Emblem der 9. Staffel (vorne) als auch das der III. Gruppe (= 7., 8. und 9. Staffel).

Links: Funker und Bordschütze einer frühen Bf 110 am MG 15, das auf einer Schwenkarmlafette installiert war. Der Munitionsvorrat lag bei 750 Schuss. Zur Bedienung des MG musste die hintere Kabinenhaube nach oben geklappt werden. Bald erhielt die Haube eine Aussparung, und die Waffe wurde mittig auf einer Kreuzgelenklafette montiert.

Rechts: Die noch unfertige BFW Bf 110 V1 mit Jumo-210-Motoren und Zweiblatt-Luftschrauben. Seitenleitwerk und Rumpfbug unterschieden sich von der späteren Serienausführung.

JAGDBOMBER UND NACHTJÄGER

Messerschmitt Bf 110 A–F

Ursprünglich als Langstreckenjäger konzipiert und mit großen Erwartungen bedacht, sahen sich die Bf-110 spätestens über England gegenüber der Royal Air Force im Nachteil

Gemäß den Richtlinien für das Rüstungsflugzeug III erteilte das Reichsluftfahrtministerium (RLM) 1934 an die Bayerischen Flugzeugwerke (BFW) den Auftrag zur Entwicklung eines Flugzeugzerstörers, der Feindmaschinen schon im Vorfeld abfangen und auch als Höhenaufklärer einsetzbar sein sollte.

Bei BFW entstand ein zweimotoriger Tiefdecker in Schalenbauweise aus Duralblech. Wegen des besseren Schussfeldes für das Abwehr-MG entschied man sich für ein doppeltes Seitenleitwerk. Eine Besonderheit an den Tragflächen waren die an den äußeren Vorderkanten verlaufenden automatischen Vorflügel zur Reduzierung der Mindestgeschwindigkeit. Die Besatzung des schweren Jägers bestand aus zwei Mann mit der Möglichkeit, mittig noch ein drittes Besatzungsmitglied unterzubringen. Am 12. Mai 1936 startete die BFW Bf* 110 V1 zum Erstflug und wurde

anschließend einer ausführlichen Erprobung unterzogen. Am Ende setzte sich die Bf 110 gegen die Mitbewerber Focke-Wulf Fw 57 und Henschel Hs 124 durch.

Stark bewaffnet

Sieben A-0- und B-0-Vorserien-Maschinen folgte 1938 die Bf 110 B-1 in Großserie. Für Vortrieb sorgten zwei V-12-Motoren Jumo 210 G mit je 730 PS. Die Bewaffnung bestand aus vier 7,9-mm-Maschinengewehren MG 17 im Bug sowie zwei 20-mm-MG-FF unterhalb der vorderen Kabinenhälfte. Der Funker und Bordschütze bediente ein MG 15, Kaliber 7,9 Millimeter, als Abwehrbewaffnung.

Fliegerisch galt die Bf 110 als gutmütig und von einem durchschnittlichen Flugzeugführer gut zu beherrschen. Sie war voll kunstflugtauglich und für ein zweimotoriges Flugzeug dieser Größe erstaunlich wendig.

Ab Anfang 1939 lief die C-Serie mit um gut 60 Zentimeter verringerter Spannweite an. Die Bf 110 C hatte den mit Einspritzanlage ausgestatteten DB 601 A als Antrieb und glänzte mit erheblich gestiegenen Flugleistungen. Die Geschwindigkeit erhöhte sich von 460 km/h der B-Version auf rund 530 km/h.

Mit den Bf 110 D und der strukturell verstärkten E wurde dem Einsatz als Jagdbomber zunehmend Rechnung getragen. Das Zusatzkürzel /B erhielten zu Sturzbombern umgerüstete C- und D-Muster, die unter dem Rumpf bis zu 2000 Kilogramm Bombenlast tragen konnten.

Zur Erhöhung der Reichweite wurden einige Bf 110 D und E mit einem sogenannten Dackelbauch unter dem Rumpf gefertigt, ein verkleideter, nicht abwerfbarer Behälter, der 106 Liter Schmier- und 1050 Liter Treibstoff fasste. An Trägern unter Flächen und Rumpf konnten dagegen abwerfbare 300 oder 900 Liter fassende Zusatztanks mitgeführt werden. Für den Einsatz im Mittelmeerraum erhielten Bf 110 eine Tropenausstattung (/Trop), zu der vergrößerte Kühler, Sandabscheider vor den Lufteinlässen, Waffenlaufabdeckungen und eine zusätzliche Rettungsausrüstung gehörten. 1940 kam vielfach eine leistungsgesteigerte Variante des DB 601 A zum Einbau, der mit 100-Oktan-Kraftstoff (C3) betrieben bis zu 1275 PS leistete und das Zusatzkürzel N trug.

Bf 110 C der 1./ZG 2 mit dem Staffelemblem, dem „Bernburger Jäger" am Rumpf. Im unteren Bugbereich sind die Ausschussöffnungen für die beiden 20-mm-MG-FF mit je 180 Schuss zu sehen. Oben waren die vier 7,9-mm-MG 17 mit je 1000 Schuss untergebracht.

Bf 110 der II. Gruppe des ZG 76, die auch „Haifischgruppe" genannt wurde. Die gelbe Lackierung diente der besseren Freund-/Feinderkennung.

Bf 110 E/Trop der 9. Staffel des ZG 76 mit großen Kühlern und Sandfiltern vor den Ladereinlässen

Ende 1941 sollte die Bf 110 mit der E-Serie auslaufen und von der Me 210 abgelöst werden. Diese bereitete jedoch noch große Probleme, wodurch die Bf-110-Fertigung mit der F-2 (F-1 entfiel) notgedrungen fortgesetzt wurde. Die Bf 110 F war mit zwei je 1350 PS starken DB-601-F-Motoren ausgestattet und präsentierte sich mit neuen Motorverkleidungen und Propellerhauben auch äußerlich verändert. Ein verbesserter Kabinenaufbau und ein doppelläufiges 7,9-mm-MG-81-Z für den Funker kamen nur teilweise zum Einbau und wurden erst ab der späteren G-Reihe Standard. Die Version F-3 kam als Fernaufklärer zur Truppe.

Bf 110 D-0 mit sogenanntem Dackelbauch, ein mit Stoff verkleidetes Gerüst, unter dem sich Zusatzbehälter für 1050 l Treibstoff und 106 l Schmierstoff verbargen.

Weites Einsatzgebiet

Die Bf-110-Einheiten gehörten zur Elite der Luftwaffe, wofür nur die Besten ausgewählt wurden. Als schwerer Jäger und Zerstörer, Bomber, Tiefangriffsflugzeug, Langstrecken-Begleitjäger für Schiffskonvois, Nachtjäger, Aufklärer und Schleppflugzeug war die Bf 110 an allen Fronten eingesetzt. Zu Kriegsbeginn bewährte sich die stark bewaffnete Bf 110 über Polen, Holland, Belgien, Norwegen und Frankreich. Im Verlauf der Battle of Britain im Sommer 1940 zeigte sich die Bf 110 im Vergleich zu einmotorigen Jägern als zu schwerfällig und untauglich, die Bomber vor den Angriffen der britischen Jäger zu schützen. Vielmehr hätten sie selbst Jagdschutz durch Bf 109 gebraucht. In taktisch sinnvolleren Einsätzen konnten Bf 110 jedoch durchaus weiterhin sehr erfolgreich operieren.

Nachtaktive Bf 110

Bereits 1940 tauchten die ersten meist vollständig schwarz lackierten Bf-110-Nachtjäger auf, die der C-, D- und E-Serie entstammten. Ab Frühjahr 1942 kam mit der Bf 110 F-4 die erste serienmäßige Nachtjagdvariante der „110". Sie konnte mit einem Rüstsatz aus zwei zusätzlichen 20-mm-MG-151/20 mit je 200 Schuss unter dem Rumpf versehen werden. Außerdem erhielt der Nachtjäger ein Funkmessgerät FuG 202 Lichtenstein, das die Ortung von Feindmaschinen in einer Entfernung von etwa vier Kilometern in einem Kegel von 70 Grad ermöglichte. Bisher wurden die Nachtjäger zwar vom Boden aus zu den Bombern geführt, flogen dann aber alleine auf Sicht. Auch noch vorhandene Bf 110 C,

Bf 110 C der 8. Staffel des Zerstörergeschwader 26 (8./ZG 26) im Sommer 1940 im typischen Anstrich aus den RLM-Farben 70/71/65

Bf 110 E, W.Nr. 3920, Stab NJG 1, geflogen von Major Wolfgang Falk im Herbst 1940

Bf 110 D der 8./ZG 26, eingesetzt im Mittelmeerraum. Bei der Lackierung handelt es sich wahrscheinlich um italienisches Sandgelb. Den Rumpfbug ziert das Emblem des ZG 26.

Bf 110 F-2, W.Nr. 5019, der 13.(Z)/JG 5, Finnland 1943. Geflogen wurde die „TR" von Oberleutnant Karl Schlossstein. Die Seitenleitwerksflossen zieren fünf Abschussmarkierungen.

* Die korrekte Bezeichnung lautet Bf (für Bayerische Flugzeugwerke AG - BFW) 110. Erst mit der Umwandlung der BFW in die Messerschmitt AG
 Mitte 1938 änderte sich das Kürzel für die von da an konstruierten Flugzeuge in Me. Umgangssprachlich wurde und wird jedoch meist das Kürzel
 Me verwendet.

DEUTSCHLAND – MESSERSCHMITT BF 110 A–F   23

Bf 110 D der III./ZG 26 mit abwerfbaren 900 l-Zusatztanks unter den Tragflachen uber Nordafrika

Das Emblem der 13.(Z)/JG 5 (Zerstörerstaffel) auf dem Rumpf der Bf 110 F-2 im Technik-museum Berlin

D und E wurden derart ausgerüstet. Für den Nachteinsatz installierte Auspuff-Flammenvernichter, Antennen und Waffenrüstsatz verschlangen rund 50 bis 60 km/h. Die Höchstgeschwindigkeit sank auf unter 500 km/h. Anstatt des schwarzen Tarnanstrichs erhielten die Nachtjäger nun einen recht hellen aus RLM 76, der meist individuell grau abgedunkelt war.

TECHNISCHE DATEN

Messerschmitt Bf 110	B-1	C-1	F-2
Einsatzzweck	Zerstörer, schwerer Jäger und Jagdbomber		
Besatzung	2	2	2
Antrieb	2 x Junkers Jumo 210 G	2 x Daimler-Benz DB 601 A	2 x DB 601 F
	flüssigkeitsgekühlter V12-Zylindermotor		
Startleistung	2 x 730 PS	2 x 1100 PS	2 x 1350 PS
Spannweite	16,9 m	16,28 m	16,28 m
Länge	12,07 m	12,07 m	12,07 m
Höhe	4,10 m	4,10 m	4,00 m
Flügelfläche	-	38,36 qm	38,36 m^2
Rüstgewicht	4100 kg	4570 kg	6030 kg
Startgewicht max.	5650 kg	6750 kg	6750 kg
Höchstgeschwindigkeit	480 km/h in 3900 m	530 km/h in 3500 m	570 km/h in 5400 m
Marschgeschwindigkeit	430 km/h in 3900 m	465 km/h in 3500 m	-
Anfangssteigleistung	1000 m/min	900 m/min	6000 m in 9 min
Normale Reichweite	1300 km	800 km	800 km
Dienstgipfelhöhe	8000 m	8500 m	8500 m
Bewaffnung	4 x MG 17 – 7,92 mm		4 x MG 17
	2 x MG FF – 20 mm		2 x MG 151/20 – 20 mm
Abwehrbewaffnung	1 x MG 15 – 7,92 mm		1 x MG 15 oder
			MG 81 Z - 7,9 mm
Abwurflast	keine	max. 2000 kg	500 – 1000 kg
Auf Einsatzart abgestimmte Rüstsätze möglich			

LABILER ZERSTÖRER

Messerschmitt Me 210

1941 begann die Produktion der Me 210. Doch das Nachfolgemodell der Bf 110 zeigte sich noch keineswegs serienreif –
ein Desaster für Messerschmitt und die Luftwaffe

Me 210 A-1 mit verlängertem
Rumpf. Flugzeugführer und
Funker/Bordschütze saßen
Rücken an Rücken.

A ls Nachfolgemodell der Bf 110* sollte die Me 210 als Zerstörer (schwerer Jäger), Begleitjäger und Fernaufklärer sowie
zur Bekämpfung von Bodenzielen einsetzbar sein. Zudem
verlangten die Verantwortlichen im Reichsluftfahrtministerium
(RLM) die Sturzkampffähigkeit des neuen Musters, das auch als
Ersatz für den Sturzkampfbomber Junkers Ju 87 gedacht war.
Bei Messerschmitt ging unter der Leitung von Walter Rethel ab
Herbst 1938 ein völlig neues Flugzeug in Konstruktion. Im Ver-
trauen auf Messerschmitts Fähigkeiten wurde gleich ein Bauauftrag
über 16 Versuchsmuster und 2000 Serienmaschinen herausgegeben.
Zudem beauftragte das RLM auch Arado mit dem Bau eines entsprechen-
den Modells (Ar 240), das durchaus unkonventionell ausfallen durfte.
Doch das Zeitfenster war klein: In nur einem Jahr sollte der neue Zerstörer
und Sturzbomber fertig sein.

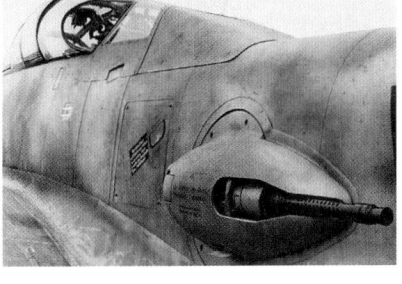

Die beiden 45–90° schwenk-
baren MG 131 wurden vom
Beobachter/Funker fernbedient.

Kompakte Konstruktion

Der Entwurf der Me 210 mit nur 11,18 Meter langem Rumpf und zweisitziger Kabine fiel recht kompakt aus. Die ersten V-Maschinen hatten
noch ein doppeltes Seitenleitwerk, für die Serie entschied man sich aber
für ein zentral angeordnetes. Dieses war aus flugtechnischer Hinsicht, aber
auch wegen der neuartigen Abwehrbewaffnung, erforderlich: Zwei links
und rechts im Rumpf installierte ferngesteuerte Drehring-Seitenlafetten
sollten Angreifer fernhalten. Die elektrisch betriebenen MG-Stände waren
mit je einem MG 131, Kaliber 13 mm, bestückt und über einen Bereich
von 90° nach oben sowie 45° nach unten und seitlich schwenkbar. Im
Bereich des Leitwerks blieben die auch einzeln beweglichen Waffen schuss-
unfähig. Im Rumpfbug der Me 210 befand sich die Starrbewaffnung aus
zwei MG 17, Kaliber 7,92 mm (später 2 x MG 131 vorgesehen), sowie

Ungarischer Nachtjäger (ohne Radar) Me 210 Ca-1 stationiert in Ferihegy bei Budapest im Sommer 1944

einem 15-mm-MG-151 und einem 20-mm-MG-151/20 (später 2 x MG 151/20). Unterhalb der Kabine befand sich der Bombenraum für bis zu 1000 kg Abwurflast. Auch extern an Trägern konnten Lasten mitgeführt werden. Für den Stuka-Einsatz waren die Flächen mit Sturzflugbremsen versehen. Als Antrieb dienten zwei Daimler-Benz DB 601 F-V-12-Motoren mit einer Startleistung von jeweils 1350 PS.

Instabiles Flugverhalten

Am 2. September 1939 hob die Me 210 V1 erstmals ab und offenbarte ein äußerst instabiles Flugverhalten. Ursächlich waren Fehler bei der Flächenkonstruktion sowie der zu kurze Rumpf. Zwar wurden die Flügel geändert, die aufwendige und kostspielige Rumpfverlängerung scheute Messerschmitt jedoch wegen der bereits umfangreichen Vorarbeiten für den Serienbau. Hinzu kam die Neigung der Me 210, ins Flachtrudeln zu geraten, bei Start und Landung auszubrechen und das zu schwache Fahrwerk. Erst im Februar 1942 flog die Me 210 V17 mit auf 12,15 Meter verlängertem Rumpf. Dieser Umbau verhalf der „210" endlich zu zufriedenstellenden Flugeigenschaften.

Im Frühjahr 1942 ließ Hermann Göring die Me-210-Produktion stoppen und die Fertigung der Bf 110 außerplanmäßig fortsetzen – ein Desaster für Messerschmitt und die Luftwaffe.

Die neuen Me 210 A-1 mit langem Rumpf entstanden meist durch Umbau. Als Aufklärer flog die Me 210 B-1 mit zwei Reihenbildgeräten. Die C-1-Serie erhielt 1475 PS starke DB-605-Motoren und konnte mit einer 1800-kg-Bombe beladen werden. Sie ging nach Wiederaufnahme der Fertigung im August 1942 in Produktion. Nur noch wenige komplett neu gebaute Me 210 A und C verließen die Werkshallen. Fortgeführt wurde die Produktion praktisch unter der „sauberen" neuen Bezeichnung Me 410, einer nochmals überarbeiteten Me 210.

In Ungarn begann man im Mai 1942 die Me 210 Ca-1 als Stuka-Zerstörer mit einem Rüstgewicht von stattlichen 7283 kg in Lizenz zu fertigen. Einige Exemplare wurden zu Aufklärern Da-1 umgebaut. Eine Nachtjägerversion mit drei Mann Besatzung war teilweise mit ungarischer Funkmesstechnik ausgerüstet. Insgesamt sollen 377 Me 210 in Ungarn und 325 in Deutschland gebaut worden sein.

Im Einsatz

Wegen der lange anhaltenden konstruktiven Mängel erhielten ursprünglich zur Umrüstung auf die Me 210 vorgesehene Einheiten keine oder nur einzelne Exemplare des Unglücksvogels. Nach Beseitigung der Fehler bewährte sich die Me 210 gut, besonders beim Zerstörergeschwader 1 im Mittelmeerraum. In großem Umfang kam die Me 210 in der ungarischen Luftwaffe zum Einsatz, deren Besatzungen die Me 210 mit Erfolg flogen.

TECHNISCHE DATEN

Messerschmitt Me 210 A-1 (1942)

Einsatzzweck: Zerstörer

Besatzung: 2

Antrieb:
2 x Daimler-Benz DB 601 F V-12-Zylindermotor

Startleistung (1 min):
2 x 1350 PS – ges. 2700 PS

Spannweite: 16,40 m

Länge: 12,15 m

Höhe: 3,70 m

Flügelfläche: 36,20 m²

Rüstgewicht: 7270 kg

Startgewicht max.: 9690 kg

Höchstgeschwindigkeit:
573 km/h in 5900 m

Steigleistung:
4000 m in ca. 7,5 min
6000 m in ca. 13 min

Reichweite: 1820 km (2400 l)

Dienstgipfelhöhe:
9150 m mit 9000 kg

Starrbewaffnung:
2 x MG 17 – 7,92 mm
2 x MG 151/20 – 20 mm

Abwehrbewaffnung:
2 x MG 131 – 13 mm

Bombenlast:
1000 kg inter/extern

Do 215 B-5 Kauz III mit schwerer Bewaffnung in Bug und unter dem Rumpf sowie Bordradar FuG 202

Dornier Do 17 Z-7/-10, Do 215 B-5

Do 17 Z-10 mit Infrarotgerät Spanner, dessen Q-Rohr aus der Frontscheibe ragt. Im Bug sind die MG 17 zu sehen.

Praktisch als Notbehelf entstanden aus den Bombertypen Do 17 und Do 215 erste Einsatzmuster für die Fernnacht-jagd zur Bekämpfung britischer Bomber

D er Bedrohung durch nächtliche Angriffe britischer Bomber im Mai 1940 führten zu eiligen Gegenmaßnahmen: Unter anderem sollten Nachtjäger mit großer Reichweite die RAF-Bomber über eigenem Gebiet beim Sammeln und Landen bekämpfen.
Mit der Do 17 Z-7 Kauz I und Z-10 Kauz II, umgebaute Bomber Do 17 Z-2, kamen erste Bemühungen zum Tragen, die Do 17 für den Einsatz als Fernnachtjäger zu nutzen. Die Maschinen hatten einen gepanzerten Waffenbug und erhielten das Infrarotgerät Spanner zum Aufspüren gegnerischer Flugzeuge. Als Abwehrwaffen blieben die in Lafetten montierten 7,92-mm-MG 15 im B- (Rumpfrücken) und C-Stand (Boden-wanne) unverändert. Die Besatzung reduzierte sich auf drei Mann: Flugzeugführer, Funker/Bordschütze und Bordwart/Bordschütze.
Auf Basis von Do 215 B-1 und B-4, (Do 17 Z mit DB-601) entstanden 20 Do 215 B-5 Kauz III. Dieser erhielt als erster Frontnachtjäger das Funk-messgerät (Radar) FuG 202 Lichtenstein B/C. Zwar kostete dessen Anten-nenanlage 25 km/h an Geschwindigkeit, funktionierte aber effektiv. Oberleutnant Becker von der II. Gruppe des NJG 1 erzielte am 9. August 1941 den ersten Luftsieg unter Zuhilfenahme des FuG 202. Zwischen April und Juni 1941 fielen den Do 215 B-5 18 RAF-Bomber zum Opfer.
Es wurden nur wenige Kauz-Nachtjäger gebaut, da mit den Typen Ju 88 C (ab 1941) und Do 217 J (1942) leistungsstärkere schwere Nacht-jäger zur Verfügung standen.

TECHNISCHE DATEN

Dornier Do 17 Z-10 Kauz II

Einsatzzweck:
Schwerer Nachtjäger
Besatzung: 3
Antrieb: 2 x Bramo 323 P
9-Zylinder-Sternmotor
Startleistung:
2 x 1200 PS (ges. 2400 PS)
Länge: 16,23 m
Spannweite: 18,00 m
Höhe: 4,56 m
Flügelfläche: 55,00 m^2
Rüstgewicht: 6000 kg
Startgewicht: 8550 kg
Höchstgeschwindigkeit:
1200 km/h
Reichweite max.: 2950 km
Dienstgipfelhöhe: 8000 m
Bewaffnung:
4 x MG 17 – 7,92 mm
2 x MG FF – 20 mm
Abwehrbewaffnung:
2 x MG 15 – 7,92 mm

Ju 88 C, aus deren Bug MG-Rohre und die Antennen des FuG 202 ragen. Bordradar-Anlagen kamen Ende 1942 in größerem Umfang zum Einsatz.

Junkers Ju 88 C

Schon sehr früh zeigte sich die Eignung der zweimotorigen Ju 88 nicht nur zum schnellen Bomber, sondern auch zum schweren Zerstörer und Nachtjäger

TECHNISCHE DATEN
Junkers Ju 88 C-6
Einsatzzweck:
Schwerer Nachtjäger
Besatzung: 3
Antrieb: 2 x Jumo 211 J
V-12-Zylindermotor
Startleistung:
2 x 1420 PS (ges. 2840 PS)
Spannweite: 20,08 m
Länge: 14,96 m (mit Antennen)
Höhe: 4,06 m
Flügelfläche: 54,70 m²
Rüstgewicht: 8100 kg
Startgewicht: 11.450 kg
Höchstgeschwindigkeit:
500 km/h
Reichweite max.: 2950 km
Dienstgipfelhöhe: 8800 m
Bewaffnung:
3 x MG 17 – 7,92 mm
3 x MG 151/20 – 20 mm
2 x MG 151/20 als Schräg-
waffen mögl.
Abwehrbewaffnung:
1 x MG 81 Z – 2 x 7,92 mm
Ausrüstung:
FuG 202 B/C (ab Ende 1942)

Das ursprüngliche Schnellbomber-Konzept der Ju 88 legte den Grundstein dafür, die Zweimot auch als Zerstörer und Nachtjäger einzusetzen. Die erste nachtaktive Ausführung Ju 88 C-2 flog mit drei MG 17 und einem MG FF im Bug sowie zwei zusätzlichen MG FF in der Bodenwanne.

Das MG 15 des C-Standes (hinten/unten) und die Sturzflugbremsen entfielen. Die Besatzung bestand aus drei Mann. Den Antrieb besorgten zwei jeweils 1200 PS starke Jumo 211 der Versionen B und G. Ab 1942 wurde die Ju 88 C-6 mit jeweils 1420 PS starken Jumo 211 J in Großserie produziert. Die Bugbewaffnung bestand aus je drei MG 17 und MG 151/20. Die C-6b konnte zudem mit zwei im Rumpfrücken eingebauten, schräg nach vorne oben feuernden MG 151/20 ausgerüstet werden, wenngleich sich die sogenannte „Schräge Musik" 1942 noch in der Erprobung befand.

Anfänglich flogen schwarz lackierte Ju 88 C-2 Fernnachtjagd über England. Ihr Ziel: die Nachtbomber der Royal Air Force. Später wurden die Nachtjäger mittels Funkmesstechnik (Radar) vom Boden aus an die Feindbomber herangeführt. Danach waren die Besatzungen wieder auf Sichtkontakt und nicht zu dunkle Nächte angewiesen. Ab Ende 1942 konnten Feindflugzeuge mittels bordgestütztem Funkmessgerät, dem Funkgerät FuG 202 Lichtenstein B/C, vom Nachtjäger selbst ausgemacht und nach Annäherung bekämpft werden.

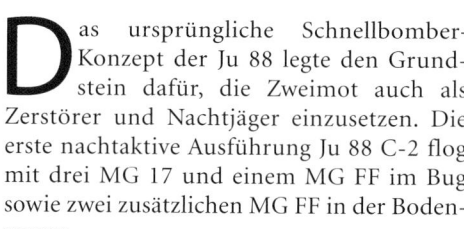

Abwehrstand (B-Stand) einer Ju 88 C mit MG 81, Kaliber 7,92 mm. Spätere Ausführungen erhielten ein Zwillings-MG 81 Z.

SCHRECKEN DER ROYAL AIR FORCE

Focke-Wulf Fw 190 A-1–A-4 „Würger"

Mit der Fw 190 bekam die deutsche Jagdwaffe 1941 endlich einen zweiten Standardjäger in ihre Reihen. Bereits die ersten Einsätze zeigten: Die bullige Jagdmaschine war der britischen Spitfire V klar überlegen

Im Sommer 1941 begegneten die an der Kanalfront eingesetzten Jagdflieger der Royal Air Force einem ihnen bis dahin unbekannten deutschen Jägertyp, den sie zunächst für erbeutete französische Curtiss Hawk 75 oder Bloch MB 152 hielten. Die Entwicklung der Fw 190 war den Briten völlig verborgen geblieben.

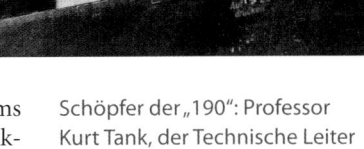

Entstanden war der Focke-Wulf-Jäger aufgrund einer Ausschreibung des Technischen Amtes des Reichsluftfahrtministeriums (RLM) von 1937. Unter Leitung von Kurt Tank entwickelte Chefkonstrukteur Rudolf Blaser ein überaus kompaktes, aerodynamisch gelungenes Jagdflugzeug. Nahezu gänzlich aus Metall in Schalenbauweise gefertigt, war das Flugzeug relativ einfach konstruiert. Bau und Wartung sollten mit möglichst geringem Aufwand zu bewerkstelligen sein. Auch der luftgekühlte Doppelsternmotor, zunächst ein BMW 139, passte in dieses Konzept. Der Motor wurde gewählt, da er eine höhere Leistung erbrachte, als das damals stärkste V12-Triebwerk. Zudem war der Sternmotor wegen des fehlenden Kühlmittel-Systems weitaus unempfindlicher gegen Beschuss. Wichtig war auch, dass damit die Verfügbarkeit der Daimler-Benz-Reihenmotoren für den bisherigen Standardjäger der Luftwaffe, die Messerschmitt Bf 109, nicht beeinträchtigt wurde.

Um den Luftwiderstand des ausladenden Sternmotors zu verringern, entwickelte man für die V1 eine strömungsgünstige sogenannte Doppelhaube. Das Fahrgestell der „190" fiel sehr breitbeinig aus und wurde nach innen in die Tragflächenwurzeln eingezogen. Im Gegensatz zum eng

Schöpfer der „190": Professor Kurt Tank, der Technische Leiter von Focke-Wulf

Fw 190 V1, D-OPZE, mit der sogenannten Doppelhaube

Serienmaschine Fw 190 A-1 1941 bei Focke-Wulf in Bremen

Ein deutscher Jagdflieger in seiner Fw 190 A-3. Aufgrund der hohen Verluste nannten die Briten den deutschen Jäger auch „Butcher Bird".

stehenden der Bf 109, war es auch noch äußerst stabil. Der Flugzeugführer saß in einer relativ engen Kabine, deren Haube sich nach hinten aufschieben ließ und eine hervorragende Rundumsicht bot.

Kühlprobleme

Am 1. Juni 1939 hob Flugkapitän Hans Sander mit der Fw 190 V1 erfolgreich zum Erstflug ab. Zwar konnten die Flugeigenschaften insgesamt überzeugen, doch bereitete die Motorkühlung Probleme. Und nicht nur die: Auch in der Führerkanzel herrschte eine unerträgliche Hitze. Die Doppelhaube wich schließlich einer NACA-Motorverkleidung, die für ausreichend Kühlluft sorgte.

Die Bewaffnung bestand zunächst aus vier Maschinengewehren MG 17, Kaliber 7,92 mm, von denen je zwei im Rumpf und in den Flügelwurzeln installiert waren.

Ab dem fünften Versuchsflugzeug, der Fw 190 V5, kam das leistungsstärkere BMW-Triebwerk 801 C, ebenfalls ein 14-Zylinder-Doppelstern-

Fw 190 A-1 der 5./JG 26 Ende 1941 in Belgien. Mittig aus der Fläche ragt der Lauf des MG FF heraus.

Fw 190
Einbau der Waffen
Rumpf 2 MG 17 mit je 850 Schuß Munition
Flügel 2 MG 151 mit je 250 Schuß Munition
Flügel 2 MG FF mit je 60 Schuß Munition (2. Rüstsatz)

Waffenanlage in Fw 190 A-3 und A4. Die MG FF (außen) waren als Rüstsatz ausgelegt und folglich optional eingebaut.

motor, zum Einbau. Wegen des höheren Gewichtes des BMW 801 wurden Konstruktionsänderungen notwendig. So wurde die Spannweite um knapp einen Meter vergrößert, während durch eine geänderte Schwerpunktlage die Rumpflänge nur geringfügig zunahm. Die V5 wurde noch mit kurzer (k) und langer (g) Fläche getestet. Für die erste Fw 190-Serie, die A-1 mit 1600 PS leistendem BMW 801 C-1, entschied man sich schließlich für die Ausführung mit vergrößerter Spannweite. Die mögliche Bewaffnung war inzwischen auf vier MG 17 und zwei in den äußeren Flächen montierte MG FF, Kaliber 20 mm, erhöht worden.

Erstmals im Einsatz

Ab Mai 1941 wurde die Fw 190 von Piloten des Jagdgeschwader 26 und der Luftwaffen-Erprobungsstelle Rechlin im Rahmen eines Kommandos intensiv auf ihre Fronttauglichkeit getestet. Im Sommer 1941 erhielt dann die II. Gruppe des in Frankreich stationierten JG 26 als erste reguläre

Fw 190 A-3 der II./JG 1 mit dem „Tatzelwurm" auf der Motorhaube, dem Emblem der II. Gruppe

Fw 190 A-4 der I. Gruppe des JG 54 mit der Umgebung angepassten Anstrichen über der Ostfront

Einheit den neuen Typ. Das Auftauchen der Fw 190 bedeutete für die RAF eine böse Überraschung: Ihr zu dieser Zeit bester Jäger, die Spitfire Mk V, wurde glatt deklassiert. Und bis Ende 1942 sollten die Briten auch nichts Vergleichbares entgegensetzen können. So erwies sich Kurt Tanks inoffizielle Bezeichnung „Würger" als überaus treffend für die Fw 190.

Ein großes Manko des Focke-Wulf-Jägers war allerdings dessen rapider Leistungsabfall in Flughöhen über etwa 7000 Meter. Obendrein ließ die Zuverlässigkeit des BMW 801 anfangs noch zu wünschen übrig, sodass die Piloten mit der Fw 190 zunächst nicht über Wasser flogen.

Schon Mitte 1941 lief die Serienfertigung der Fw 190 A-2, ausgerüstet mit dem verbesserten BMW 801 C-2, an. Für den Notausstieg konnte nun die Kabinenhaube abgesprengt werden, die Bewaffnung wurde abermals verstärkt. Ab Mai 1942 konnte die Fw 190 mit Bombenschlössern ausgerüstet werden. Neben einer Abwurflast von maximal 500 kg konnte nun auch ein 300-Liter-Zusatztank mitgeführt werden. Ab November 1941 startete die Serienproduktion der Fw 190 A-3, die zunächst noch mit dem BMW C-2, später mit der leistungsstärkeren D-Ausführung gebaut wurde.

72 Fw 190 A-3 wurden als Aa-3 mit vier MG 17 und zwei MG FF an die türkische Luftwaffe verkauft, wo sie zusammen mit Spitfires eingesetzt waren.

Im Juni 1942 folgte die überarbeitete Fw 190 A-4 mit Antennenmast an der Seitenleitwerksflosse. Neu war auch die Möglichkeit, eine MW-50-Anlage für den BMW 801 D-2 zu installieren. Damit konnte

TECHNISCHE DATEN

Focke-Wulf	Fw 190 A-1	Fw 190 A-3
Einsatzzweck	Einsitziges Jagdflugzeug	
Antrieb	BMW 801 C-1	BMW 801 D-2
	14-Zylinder-Doppelsternmotor	
Startleistung	1560 PS	1700 PS
Dauerleistung	1150 PS in 5400 m	-
Länge	8,85 m	8,85 m
Spannweite	10,51 m	10,51 m
Höhe	3,95 m	3,95 m
Flügelfläche	18,30 m^2	18,30 m^2
Rüstgewicht	2522 kg	2522 kg
Startgewicht	3755 kg	3850 kg
Höchstgeschwindigkeit	630 km/h in 6000 m	635 km/h in 6000 m
	-	665 km/h (Notleistung)
Marschgeschwindigkeit	570 km/h in 6000 m	-
Anfangssteigleistung	15 m/sec	20,8 m/sec
Reichweite	500 - 800 km	830 km max.
Dienstgipfelhöhe	9600 m	10.300 m
Bewaffnung	4 x MG 17 - 7,92 mm	2 x MG 17 - 7,92 mm
	2 x MG FF - 20 mm	2 x MG 151/20 – 20 mm
	500 kg Bombenlast	2 x MG FF - 20 mm
		500 kg Bombenlast

Fw 190 A-4 der II./JG 54 mit teilweise aufgebrachtem, abwaschbarem Wintertarnanstrich 1942/43

Fw 190 A-2, geflogen von Hauptmann Hans „Assi" Hahn, Kommandeur der III./JG 2, Poix/Frankreich im September 1942

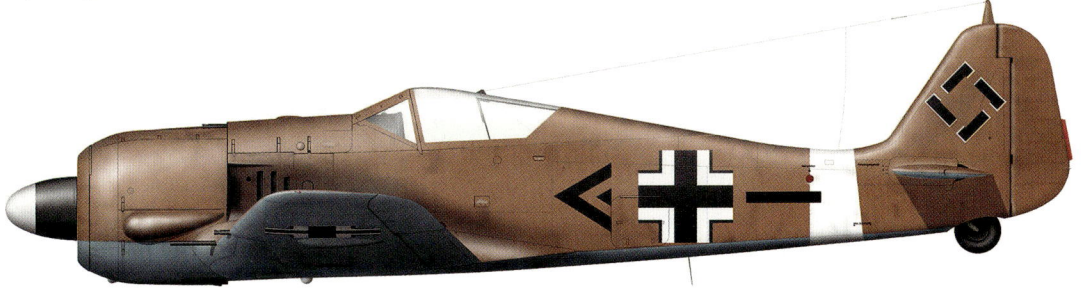

In Tunesien Ende 1942 stationierte Fw 190 A-4, geflogen von Adolf Dickfeld, dem Kommandeur der II. Gruppe/JG 2

für jeweils maximal zehn Minuten ein Methanol-Wasser-Gemisch im Verhältnis 50:50 eingespritzt und die Motorleistung auf 2000 PS erhöht werden. Als Fw 190 A-4/Trop wurde eine Tropenvariante für den Einsatz in Nordafrika entwickelt, die unter anderem mit Sandfiltern ausgestattet war.

Geschenk an die Briten

Am 23. Juni 1942 erhielt die Royal Air Force ein unerwartetes Geschenk: Oberleutnant Armin Faber vom JG 2 hatte nach einem Luftkampf mit Spitfire-Jägern den Bristolkanal mit dem Englischen Kanal verwechselt und seine unversehrte Fw 190 A-3 versehentlich auf dem RAF-Flugplatz Pembrey gelandet. Faber geriet in Gefangenschaft, die Fw 190 in die Obhut der Briten, die das überaus begehrte Mitbringsel aus Deutschland akribisch untersuchten.

Die Fw 190 A-3 von Armin Faber in britischem Tarnkleid. Den Hahnenkopf auf der Motorhaube, das Emblem der III./JG 2, beließ man.

Frankreich

Eine ganze Reihe französischer Jagdflieger wurde während des Ersten Weltkriegs zu Helden der Lüfte. Von 1914 bis 1918 hatten die kriegführenden Nationen hart um den Sieg gerungen.

Kaum jemand hielt für möglich, was im Mai/Juni 1940 geschah: Die französische Armee und damit auch ihre Luftwaffe, die Armée de l'air, wurde in nur wenigen Wochen von den deutschen Truppen besiegt.

Zwar hatte sich Frankreich in den 1930er-Jahren nachdrücklich bemüht, seine Luftstreitkräfte aufzufrischen und zu stärken. Bei Kriegsbeginn standen in Frankreich rund 3300 Flugzeuge zur Verfügung, darunter auch eine stattliche Anzahl an Jägern. Doch war nur etwa die Hälfte einsatzbereit. Der unkoordinierte und letztlich desaströse Einsatz der Armée de l'air war schließlich entscheidend mitverantwortlich für die schnelle Niederlage Frankreichs.

Nach der Kapitulation Frankreichs kollaborierte die Armée de l'air de Vichy mit den Deutschen. Doch kämpften auch zahlreiche französische Piloten aufseiten der Alliierten in den freien französischen Luftstreitkräften.

1940 einer der besten Jäger: Dewoitine D.520 der Armée de l'air de l'armistice, der Luftwaffe des Vichy-Regimes

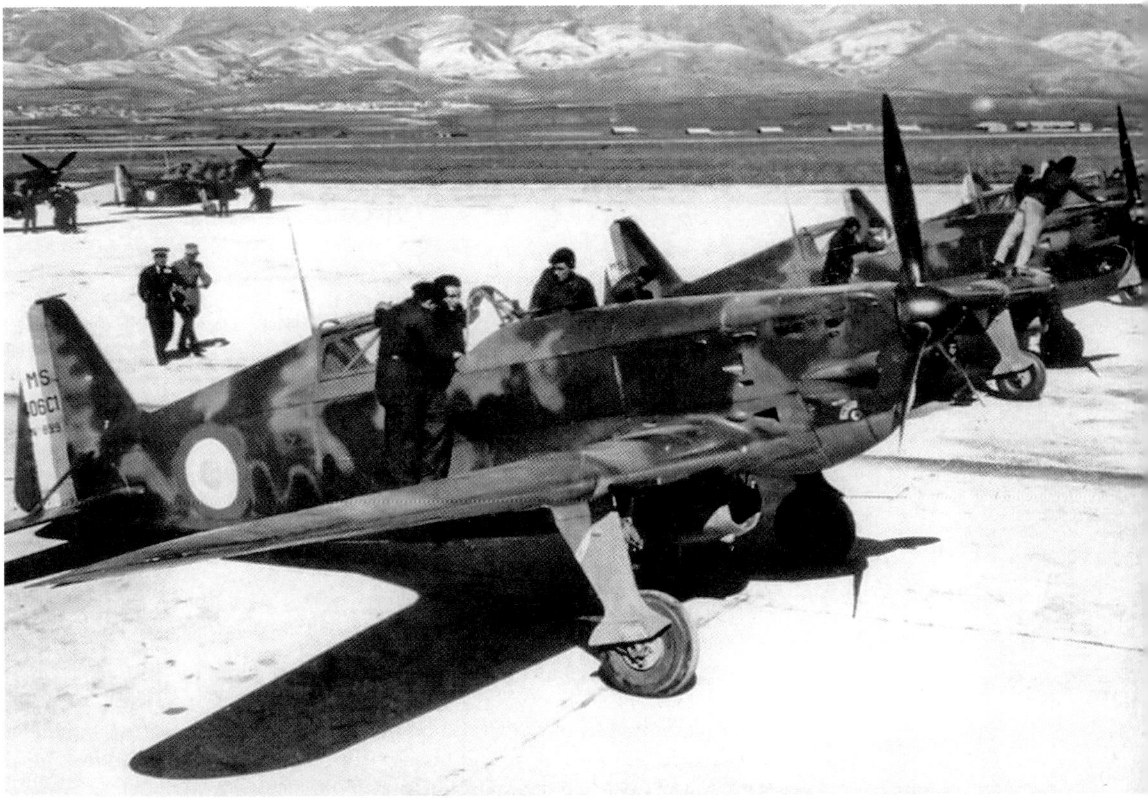

MS.406 C1 der GC. I/7 der Armée de l'air im syrischen Rayak im Frühjahr 1940

KURZZEITIG „DER BESTE JÄGER DER WELT"

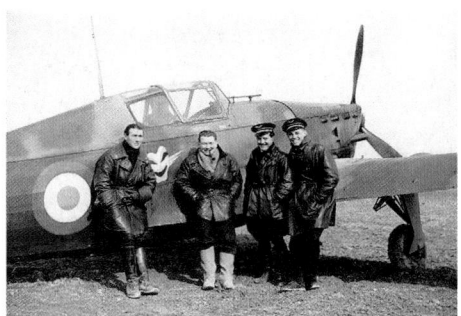

Morane-Saulnier MS.406

Während der Kämpfe um Frankreich im Mai und Juni 1940 war die M.S.406 das hauptsächlich eingesetzte französische Jagdflugzeug-Muster und trug damit die Hauptlast gegen die deutschen Angreifer

Nachdem die Armée de l'air im Juni 1934 offiziell zum eigenständigen Teil der französischen Armee ernannt worden war, ging man endlich daran, die in die Jahre gekommene Ausrüstung aufzufrischen. Dazu gehörte auch die Beschaffung eines modernen Jagdflugzeugmusters, genannt C1-Flugzeug für Chasse 1 (einsitziger Jäger). An der Ausschreibung von 1934 beteiligte sich auch die erfahrene Flugzeugbaufirma Morane-Saulnier, die ihre MS.405-01 am 8. August 1935 in die Luft brachte. Es war der erste frei tragende, geschlossene Tiefdecker, den Morane-Saulnier entwickelte. Der überwiegend aus Leichtmetall und einem Metall/Sperrholzverbund, genannt Plymax, gefertigte Typ wusste mit ausgewogenen Flugeigenschaften zu gefallen, doch haperte es noch bei der Höchstgeschwindigkeit – rund 400 km/h waren schlicht zu wenig. Nach aufwendiger, insbesondere das Tragwerk betreffender Feinarbeit standen knapp 490 km/h auf dem Fahrtmesser.

Leistungsmäßig war die MS.406 C1 der Messerschmitt Bf 109 unterlegen, die französischen Piloten konnten es mit ihren deutschen Kontrahenten jedoch allemal aufnehmen.

MS.406 C1, 1 Escadrille, GC. I/6, Armée de l'air, geflogen vom tschechischen Piloten Václav Jícha, Frankreich im April 1940

Damit flog die MS.405 ganz vorne im Vergleich zur aus- und inländischen Jägerkonkurrenz. Cheftestpilot Michel Détroyat sorgte daher am 14. Juli 1937 für großes Aufsehen, als er mit einer MS.405 in einer Durchschnittsgeschwindigkeit von beachtlichen 430 km/h von Paris nach Brüssel jagte. Manche sprachen sogar vom besten Jäger der Welt. Im März 1937 war der Auftrag zum Bau von 16 Vorserienmaschinen erteilt worden. Seit Anfang 1937 befand sich der zweite Prototyp MS.405-02 mit 900 PS leistendem Hispano-Suiza HS 12Y-CRs und Verstellpropeller in der Erprobung. Die Maschine stürzte jedoch schon am 29. Juli 1937 wegen einer defekten Sauerstoffanlage ab, ihr Pilot kam ums Leben. Im Dezember ging auch der erste Prototyp durch eine Bruchlandung verloren.

Eine MS.406 C1 der finnischen Luftwaffe im März 1940. Eingesetzt wurden die französischen Jäger im Krieg gegen die Sowjetunion.

Schleppend in Serie

Nochmals überarbeitet, ging die nun MS.406 C1 genannte Jagdmaschine in die Serienproduktion, die jedoch nur äußerst schleppend anlief. Der Jäger wurde von einem Hispano-Suiza HS 12Y-31 mit 860 PS angetrieben. Als Bewaffnung verfügte die nur gut acht Meter lange Maschine über eine Motorkanone Hispano-Suiza HS.09 oder auch 404, Kaliber 20 Millimeter, die durch die hohle Luftschraubennabe schoss. In den Tragflächen kamen zudem zwei 7,5-mm-Maschinengewehre des Typs MAC 1934 zum Einbau.

Parallel zur sich stetig zuspitzenden politischen Lage erhöhte sich auch die Bestellung an MS.406. Im April 1937 lautete diese auf insgesamt 955 Stück. Davon konnten bis September 1939 522 ausgeliefert werden. Zwar waren mehr als 400 weitere Zellen fertiggestellt, doch fehlten Motoren und Ausrüstung zur Komplettierung der Flugzeuge.

Die 6. Escadre de Chasse erhielt im Dezember als erste Jagdeinheit den neuen Jägertyp. Bis zum Ausbruch des Krieges waren zwölf Jagdgeschwader mit 367 MS.406 ausgerüstet, zwei davon befanden sich außerhalb Frankreichs. Damit war sie der mit Abstand am häufigsten geflogene Jäger der Armée de l'air. Im Mai 1940 standen noch 313 MS.406 im Einsatz gegen die deutsche Luftwaffe. Schon im Vorfeld hatte sich die Unterlegenheit der MS.406 gegenüber der Messerschmitt Bf 109 E gezeigt, wenngleich der französische Jäger wesentlich wendiger war und die Morane-Jäger von gut ausgebildeten und einsatzwilligen Piloten geflogen wurden. Nach dem Waffenstillstand flogen etwa 200 MS.406 in der Vichy-Luftwaffe in Algerien und Syrien. Ein paar MS.406 flogen in den freien französischen Streitkräften aufseiten der Alliierten.

Die Schweiz baute die MS.406 in Lizenz als D-3800 (im Bild) und D-3801

D-3801 der schweizerischen Flugwaffe mit 1080 PS starkem Saurer/SLC-YS1-Triebwerk

Ausländische und sonstige „406"

Anfang 1940 ging die verbesserte MS.410 mit fest verbautem Motorkühler und vier MG in Serie. Doch wurden nur mehr zehn MS.410 ausgeliefert. Die meisten davon gingen an die finnische Luftwaffe. Schon im Winter 1939/40 erhielt Finnland zunächst 30 MS.406 C1, später über Deutschland und das Vichy-Regime nochmals 57 Maschinen. Wegen Motorproblemen begann man im Oktober 1942 die verbliebenen MS.406 auf 1100 PS starke sowjetische Klimov-M-105P-Motoren umzurüsten. Bezeichnet wurden diese Maschinen als Mörkö Morane.

Die Schweiz sicherte sich 1938 die Lizenzbaurechte für die MS.406 und fertigte 82 als D-3800 bezeichnete Morane-Jäger und 207 D-3801 mit 1080 PS starkem Saurer-Triebwerk.

TECHNISCHE DATEN	
Morane-Saulnier MS.406 C1	
Einsatzzweck: Zweisitziger Jäger	
Antrieb: Hispano-Suiza 12Y-31 V-12-Zylindermotor	
Startleistung: 860 PS	
Länge: 8,15 m	
Spannweite: 10,65 m	
Höhe: 2,82 m	
Flügelfläche: 17,10 m²	
Leergewicht: 1893 kg	
Startgewicht: 2426 kg	
Höchstgeschwindigkeit: 486 km/h in 5000 m	
Steigzeit: 13,0 m/sec	
Reichweite max.: 900 km	
Dienstgipfelhöhe: 9850 m	
Bewaffnung: 1 × Mk - 20 mm 2 × MG – 7,5 mm	

Ruhe vor dem Sturm: MB.152
der GC II/1 im Frühjahr 1940.
Am 10. Mai 1940 waren nur 75
MB.152 einsatzbereit.

MIT LANGEM ANLAUF

Bloch MB.150–152 und 153–157

Für die französischen Jagdverbände war die MB.151 ein willkommener Zuwachs. Doch litt der Jäger unter seinem zu schwachen Motor

Das Musterflugzeug für die
Serienausführung MB 151-01

Im Juli 1934 gab der Service technique aéronautique die Ausschreibung für einen neuen Jagdeinsitzer, das C1 Flugzeug (Chasse 1 - einsitziger Jäger), heraus. Die mit dem Bomber MB.200 bereits erfolgreiche Société des avions Marcel Bloch wollten nun auch im Jägergeschäft mitmischen und begann – wahrscheinlich erst 1935 – mit den Arbeiten an einem leistungsfähigen Jagdflugzeug. So entstand ein frei tragender Tiefdecker in moderner Ganzmetallbauweise. Beim Antrieb setzten die Bloch-Techniker auf einen 14-Zylinder-Doppelsternmotor Gnome-Rhône 14 Kfs mit 850 PS Leistung. An Waffen installierte man zwei 20-mm-Maschinenkanonen, eingebaut in den Flügeln. Nachdem sich der als MB.150 bezeichnete Prototyp praktisch als flugunfähig erwiesen hatte, gelang erst am 4. Mai 1937 der Jungfernflug. Die gesamte französische Flugzeugindustrie war inzwischen verstaatlicht, und Morane-Saulnier hatte den Auftarg für den C1-Jäger erhalten. Dennoch arbeitete die Bloch-Mannschaft am eigenen Jäger weiter. Mit geändertem Fahrwerk samt Tragflächenmittelstück kam es am 29. September zum nächsten Flug. Doch das Muster konnte nach wie vor nicht befriedigen und weitere Änderungen, darunter ein stärkerer Motor, wurden nötig.

Eine MB.152 auf Testflug. Der Jäger galt als wendig, gute
Schussplattform und überaus unempfindlich gegen Beschuss.

Unerwartet in Serie

Völlig unerwartet kam für Bloch daher am 7. April die Nachricht, von
der MB.150 25 Vorserienflugzeuge zu fertigen und dabei das Muster
zu verbessern. Anschließend sollten 450 Exemplare der Hauptserie
gebaut werden. Hintergrund der Angelegenheit war die Verzögerung
des MS.406-Bauprogrammes, die französische Luftwaffe, die Armée
de l'air, brauchte angesichts der politisch angespannten Lage in Europa
dringend Jäger.

Bei Bloch überarbeitete man die „150" praktisch komplett. Heraus
kam die MB.151 mit 920 PS starkem Gnome-Rhône 14N-35, zwei
20-mm-MK und zwei 7,5 -mm-MG in den Flächen. Zum Erstflug hob
das neue Muster am 28. August 1938 ab. Leider ließ auch diese Ausführung zu wünschen übrig, weshalb sie nur für Verbände in der zweiten
Reihe infrage kam.

Erst die MB.152 schaffe im Dezember 1938 den Flug in die vorderste
Reihe. Neu waren unter anderem: die größeren Flächen, das in V-Stellung
gebrachte Höhenleitwerk und verbesserte Kühlsystem sowie der
1080-PS-14N-25-Motor. An der Front erlitten die Bloch-152-Einheiten
jedoch große Verluste. Dem direkten deutschen Gegner, der Bf 109 E, war
die MB.152 kaum gewachsen. Ein großer Pluspunkt des Bloch-Jägers
war ihre enorme Robustheit.

Nach dem Waffenstillstand im Juni 1940 wurden verbliebene MB.151 und
152 größtenteils von der Luftwaffe des unter deutscher Aufsicht stehenden
Vichy-Regimes übernommen. Die Gesamtbauzahl an MB.151 und 152
belief sich auf 622 Stück.

Bloch hatte noch Bestrebungen unternommen, die MB.152 weiterzuentwickeln, vornehmlich mit stärkeren Motoren. So flog die MB.153 mit
einem amerikanischen 1200-PS-Pratt & Whitney-Sternmotor R-1830
(545 km/h), die MB.154 mit Wright Cyclone wurde dagegen nicht fertiggestellt. 29 Stück entstanden noch von der verfeinerten MB.155. Den
Gipfel der MB.150-Reihe stellt sicherlich die MB.157 dar, die mit einem
1700 PS starken Gnome-Rhône 14R unter deutscher Obhut eine Spitzen-
geschwindigkeit von über 700 km/h erreichte.

Eine von nur 29 gebauten
MB.155 mit 1100 PS leistendem
Gnome-Rhône 14N-49. Der Typ
war rundum verbessert worden.

TECHNISCHE DATEN	
Bloch MB 152 C1	
Einsatzzweck:	
Einsitziger Jäger	
Antrieb:	
Gnome-Rhône 14N-25 (49)	
14-Zyl.-Doppelsternmotor	
Startleistung: 1080 (1100) PS	
Länge: 9,10 m	
Spannweite: 10,54 m	
Höhe: 3,96 m	
Flügelfläche: 17,32 m²	
Leergewicht: 2158 kg	
Startgewicht: 2693 kg	
Höchstgeschwindigkeit:	
510 km/h in 4000 m	
Steigleistung:	
2000 m in 3,4 min	
Reichweite max.: 600 km	
Dienstgipfelhöhe: 10.000 m	
Bewaffnung:	
2 - 4 x MG – 7,5 mm	
2 × MK - 20 mm	

Dewoitine D.520

1940 Frankreichs bester Jäger: D.520 der Armée de l'air. Die Maschine zeigte zwar insgesamt gute Flugeigenschaften, verlangte aber die ständige Kontrolle ihres Piloten.

Neben der MS.406 und den Bloch-Typen stellte Frankreich mit der D.520 ein weiteres Jagdflugzeugmuster in Dienst. Wie sich herausstellte, konnte es die Dewoitine sogar mit der deutschen Bf 109 aufnehmen

Eine von 60 in der italienischen Luftwaffe geflogenen D.520

Wenngleich schlecht geführt und organisiert, fügten die französischen Jagdflieger im Mai/Juni 1940 der deutschen Luftwaffe mitunter herbe Verluste zu. Dabei ragte ein Jagdflugzeug der Armée de l'air besonders hervor: Dewoitines D.520.

Die Arbeiten an dem Jäger in Ganzmetallbauweise begannen 1936 unter Leitung von Émile Dewoitine und wurden auch nach der Verstaatlichung der französischen Flugzeugindustrie fortgesetzt. Erstmals am 2. Oktober 1938 geflogen, bedurfte es zahlreicher Änderungen, insbesondere hinsichtlich des Kühlsystems. Die überarbeitete D.520 ließ die Verantwortlichen in der französischen Luftwaffe aufhorchen: Der Jäger war schnell, stieg gut und zeigte ausgezeichnete Flugeigenschaften, wenngleich die D.520 nicht einfach zu fliegen war. So ging die D.520, angetrieben von einem 935 PS starken Hispano-Suiza 12Y-45, im April 1939 in Produktion. Erste Exemplare des Jägers gelangten im Januar (unbewaffnet) beziehungsweise April 1940 zu Jagdeinheiten. Bis zum Beginn des deutschen Angriffs am 10. Mai 1940 waren jedoch lediglich 36 D.520 in einsatzbereitem Zustand verfügbar. Im Luftkampf mit der Bf 109 E zeigte sich die D.520 als ebenbürtiger Gegner. Zwar reichte die Französin in der Höchstgeschwindigkeit nicht an den deutschen Stan-

D.520 der freien französischen
Luftstreitkräfte 1944

dardjäger heran, war dafür jedoch manövrierfähiger. Auch die Bewaffnung mit einer durch die hohle Luftschraubenwelle feuernden 20-mm-Maschinenkanone Hispano-Suiza HS.404 sowie vier Maschinengewehren, Kaliber 7,5 Millimeter, in den Flächen konnte überzeugen. Bis zum Waffenstillstand am 25. Juni gelangen D.520-Piloten mindestens 108 Luftsiege. Viele weitere waren wahrscheinlich, blieben jedoch unbestätigt. Die chaotische Führung der Jagdeinheiten wie der kompletten Armée de l'air verhinderte sicherlich eine noch höhere Erfolgsbilanz. Zumal noch 437 D.520 zur Auslieferung kamen.

Produktion unter deutscher Obhut

Die Produktion der D.520 wurde Mitte 1941 unter deutscher Aufsicht fortgesetzt, wobei bis 1943 etwa 435 D.520 entstanden. Die Maschinen kamen überwiegend bei der mit den Deutschen kollaborierenden Vichy-Luftwaffe zum Einsatz. Auch flogen D.520 in den italienischen (60), rumänischen (120) sowie bulgarischen Luftstreitkräften. Die deutsche Luftwaffe nutzte etliche D.520 zu Schulungszwecken.

Bei den freien französischen Luftstreitkräften konnte die D.520 an der Seite der Alliierten 1944 nochmals ihre Qualitäten unter Beweis stellen. Geplante Weiterentwicklungen der D.520 mit stärkeren Motoren wie etwa dem Hispano-Suiza 12Y-51 mit 1100 PS als D.523 oder einem 1600 PS starken Hispano-Suiza 12Z als D.520 Z kamen nicht mehr in die Fertigung. Den Vergleich mit alliierten und deutschen Mustern hätte die D.520 auch in späteren Versionen sicher nicht zu scheuen brauchen. So blieb es bei rund 900 Exemplaren der D.520.

Umgebaut zu zweisitzigen Schulflugzeugen, blieben wenige als D.520 DC bezeichnete Maschinen noch bis in die 1950er-Jahre hinein im Dienst der französischen Luftwaffe.

TECHNISCHE DATEN

Dewoitine D.520

Einsatzzweck:
Einsitziger Jäger

Antrieb:
Hispano-Suiza 12Y-45
V-12-Zylindermotor

Startleistung: 935 PS

Länge: 8,76 m

Spannweite: 10,18 m

Höhe: 2,57 m

Flügelfläche: 15,97 m²

Leergewicht: 2090 kg

Startgewicht max.: 2780 kg

Höchstgeschwindigkeit:
535 km/h in 5500 m

Anfangssteigleistung:
14 m/sec

Reichweite max.: 890 km

Dienstgipfelhöhe: 10.500 m

Bewaffnung:
1 × MK - 20 mm
4 × MG – 7,5 mm

Jägerausführung Potez 630 mit je 640 PS starken Hispano-Suiza-Sternmotoren. Der mittlere Beobachterplatz war nur besetzt, wenn der Einsatz es erforderte.

Die Bomber- und Aufklärerausführung Potez 63.11 mit verglastem Bug

ALLESKÖNNER

Potez 63

Mit der Potez 63 stand der Armée de l'Air ein grundsätzlich taugliches Mehrzweck-Kampfflugzeug zur Verfügung, das 1940 allerdings an zu schwachen Motoren litt

TECHNISCHE DATEN

Potez 631 C3

Einsatzzweck: Schwerer Jäger
Antrieb:
2 x Gnome-Rhône 14M
14-Zyl.-Doppelsternmotor
Startleistung: 2 x 700 PS
Länge: 11,07 m
Spannweite: 16,00 m
Höhe: 3,62 m
Flügelfläche: 32,74 m²
Leergewicht: 2450 kg
Startgewicht: 3760 kg
Höchstgeschwindigkeit:
443 km/h in 4000 m
Steigleistung: 10,3 m/sec
Reichweite max.: 1200 km
Dienstgipfelhöhe: 9000 m
Bewaffnung:
8 x MG – 7,5 mm
1 x MG – 7,5 mm (Heck)
2 × MK - 20 mm

D er Ausschreibung für einen schweren Jäger von 1934 folgend, stellte die Firma SNCAN die zweimotorige Ganzmetall-Konstruktion Potez 63 vor. Deren Auslegung ließ unterschiedliche Aufgabenstellungen zu, so als Jäger 630/631, Nachtjäger 635, leichter Bomber 633, Sturzkampfbomber 632, Beobachtungsflugzeug/Aufklärer 637, Schulflugzeug und Verbindungsflugzeug. Mit verglastem Bug entstand die 63.11, ein leichter Bomber (200 kg Bombenlast) und Aufklärer. Der erste Prototyp flog am 25. April 1936. Die Maschine zeigte gute Flugeigenschaften und für diese Zeit ansprechende Flugleistungen. Die Bewaffnung bestand je nach Ausführung aus im Rumpf und/oder den Flächen montierten Maschinengewehren (bis zu zwölf in der 63.11) und Motorkanonen. Zur rückwärtigen Verteidigung diente ein bewegliches MG, wobei sich dem Schützen durch die Doppelleitwerk-Auslegung ein relativ freies Schussfeld bot.

Mit den Hispano-Suiza- und den meist verbauten Gnome-Rhône-Motoren zeigte sich die Potez 63 1939/40 den deutschen Jägern als hoffnungslos unterlegen, weshalb die französischen Potez 63 im Mai 1940 aus den Fronteinheiten genommen wurden.

Einschließlich der späteren unter deutscher Leitung produzierten Potez 63 sollen bis 1942 insgesamt etwa 1250 Exemplare entstanden sein, darunter 730 der meistgebauten 63.11. Bis 1938 erhielten auch die Luftstreitkräfte von Rumänien, Griechenland und der Schweiz Potez 63. Ungarn und Italien nutzten später Beutemaschinen. Vornehmlich als Verbindungs- und Schulflugzeuge gelangten Potez 63 auch in den Bestand der deutschen Luftwaffe.

Großbritannien

Mit Blick auf die politische Lage in Mitteleuropa trieb das britische Luftfahrtministerium Mitte der 1930er-Jahre den Ausbau der Royal Air Force, der britischen Luftwaffe, und deren Flugzeugbestand massiv voran. Veraltete Typen bedurften dringend der Ablösung. So hatte das Fighter Command, die Jagdwaffe der RAF, zu Kriegsbeginn mit den Typen Hurricane und Spitfire rechtzeitig leistungsfähige Maschinen in Ihren Reihen.

Die Abwehr der deutschen Luftangriffe 1940 während der berühmten Battle of Britain ist bis heute unvergessen und ein denkwürdiges Ereignis. Der britische Premierminister Winston Churchill damals über die britischen Jägerflieger: „Never in the field of human conflict was so much owed by so many to so few." („Niemals in der Geschichte menschlicher Konflikte haben so viele so wenigen so viel zu verdanken gehabt.")

Zwei Große in der RAF:
Hawker Hurricane (vorne)
und Supermarine Spitfire
Foto: RAF

Die Gladiator war sowohl bei der RAF als auch bei der FAA im Einsatz und wusste zumindest fliegerisch zu gefallen.

Gladiator Mk II – der britische Doppeldecker hielt selbst härtesten Einsatzbedingungen stand. *Fotos: RAF*

TECHNISCHE DATEN

Gloster Gladiator Mk I

Einsatzzweck:
Einsitziger Jäger

Antrieb:
Bristol Mercury IX
9-Zylinder-Sternmotor

Startleistung: 830 PS

Länge: 8,36 m

Spannweite: 9,83 m

Höhe: 3,58 m

Flügelfläche: 30,00 m²

Leergewicht: 1462 kg

Startgewicht: 2088 kg

Höchstgeschwindigkeit:
405 km/h in 4400 m

Steigleistung: 11,7 m/sec

Reichweite max.: 650 km

Dienstgipfelhöhe: 10.000 m

Bewaffnung: 4 × MG - 7,7 mm
2 x 45 kg Bombenlast

ZÄHER „BURSCHE"

Gloster Gladiator

Obwohl technisch überholt, übernahm die RAF 1937 mit der Gladiator noch einmal einen Jäger in Doppeldecker-Ausführung

Die Gladiator des erfahrenen britischen Flugzeugbauers Gloster stellt einen typischen Vertreter der letzten Doppeldecker-Generation dar. An sich konstruktiv veraltet, spendierte man der Gladiator ein modernes, geschlossenes Cockpit und hydraulisch betätigte Landeklappen. Die Bewaffnung bestand aus zwei Maschinengewehren, Kaliber 7,7mm, im Rumpf sowie zwei in den Tragflächen.

Nach dem Erstflug im September 1934 dauerte es noch bis Anfang 1937, ehe die Gladiator Mk I mit 830 PS leistendem Mercury-IX-Sternmotor bei der Royal Air Force in Dienst gestellt werden konnte. 1939 übernahm auch die Royal Navy (FAA) den dort als Sea Gladiator bezeichneten, trägertauglich ausgestatteten Jäger. Dabei handelte es sich bereits um die Version Mk II mit dem verbesserten Mercury VIIIA samt verstellbarem Dreiblattpropeller.

Bei der Verteidigung Maltas gelangten die Gladiator-Piloten des Fleet Air Arm 1940 zu Rum und Ehre, als sie den italienischen Angreifern in ihren SM.79, Fiat CR.42 und Macchi MC.200 erfolgreich die Stirn boten.

1939/40 wurden die veralteten Gladiator, von der 747 gebaut wurden, durch moderne Tiefdecker ersetzt. Auch in zahlreichen anderen Luftstreitkräften stand der britische Jäger in Dienst. So kämpften etwa finnische Gladiator 1940 gegen sowjetische I-15 und I-153.

GENERATIONSWECHSEL BEI DEN MARINE-JÄGERN
Blackburn B-24 Skua und B-25 Roc

Sehr ähnlich, aber nicht identisch. Auffälligster Unterschied zwischen den beiden Marine-Jägern Skua und Roc: Letzterer sollte den Feind mittels Vierlings-Drehturm bezwingen

Um die veralteten Doppeldecker des Fleet Air Arm (FAA), der britischen Marine-Luftwaffe, zu ersetzen, entstand in den Jahren 1935 und 1936 bei der Blackburn Aircraft Ltd. mit dem Typ B-24 Skua ein zweisitziger, trägergestützter Jäger und Sturzkampfbomber. Die Bewaffnung des Tiefdeckers bestand aus vier 7.7-Millimeter-MG in den Flächen und einem beweglichen MG in der hinteren Kanzel. Den Antrieb besorgte ein 890 PS starker Sternmotor vom Typ Perseus XII der Bristol Engine Company.

Am 23. Dezember 1938, kurze Zeit nach Indienststellung der Skua, startete die B-25 Roc zum Jungfernflug. Die Maschine war weitestgehend baugleich mit der Skua, verfügte jedoch über einen auf dem Rumpfrücken montierten Drehturm mit vier Maschinengewehren. Dieser stammte von Boulton Paul und war identisch mit dem der Defiant.

Die Roc kam im Februar 1940 zum FAA, wo sie in Staffeln zusammen mit der Skua flog. Während sich die Roc als Fehlschlag herausstellte, konnten mit der Skua zumindest vereinzelt Erfolge erzielt werden. Ein Skua-Pilot erreichte mit sieben Luftsiegen sogar den Status eines Asses. Wie die Roc, war aber auch die Skua 1940 leistungsmäßig hoffnungslos überholt, sodass beide Typen 1941 aus den Frontverbänden verschwanden. Gebaut wurden 192 Skua und 136 Roc.

Wie bei der Defiant setzte man auch beim Marine-Jäger B-25 Roc auf einen Vierlings-Drehturm, der sich in der Praxis aber nicht bewährte.

TECHNISCHE DATEN

Blackburn B-25 Roc Mk I

Einsatzzweck:
Zweisitziger Trägerjäger

Antrieb: Bristol Perseus XII
9-Zylinder-Sternmotor

Startleistung: 890 PS

Länge: 10,85 m

Spannweite: 14,02 m

Höhe: 3,68 m

Flügelfläche: 28,80 m²

Leergewicht: 2782 kg

Startgewicht: 3614 kg

Höchstgeschwindigkeit:
360 km/h in 3000 m

Steigleistung: 7,6 m/sec

Reichweite max.: 1300 km

Dienstgipfelhöhe: 5500 m

Bewaffnung:
4 × MG in Drehturm - 7,7 mm,
110 kg Bombenlast

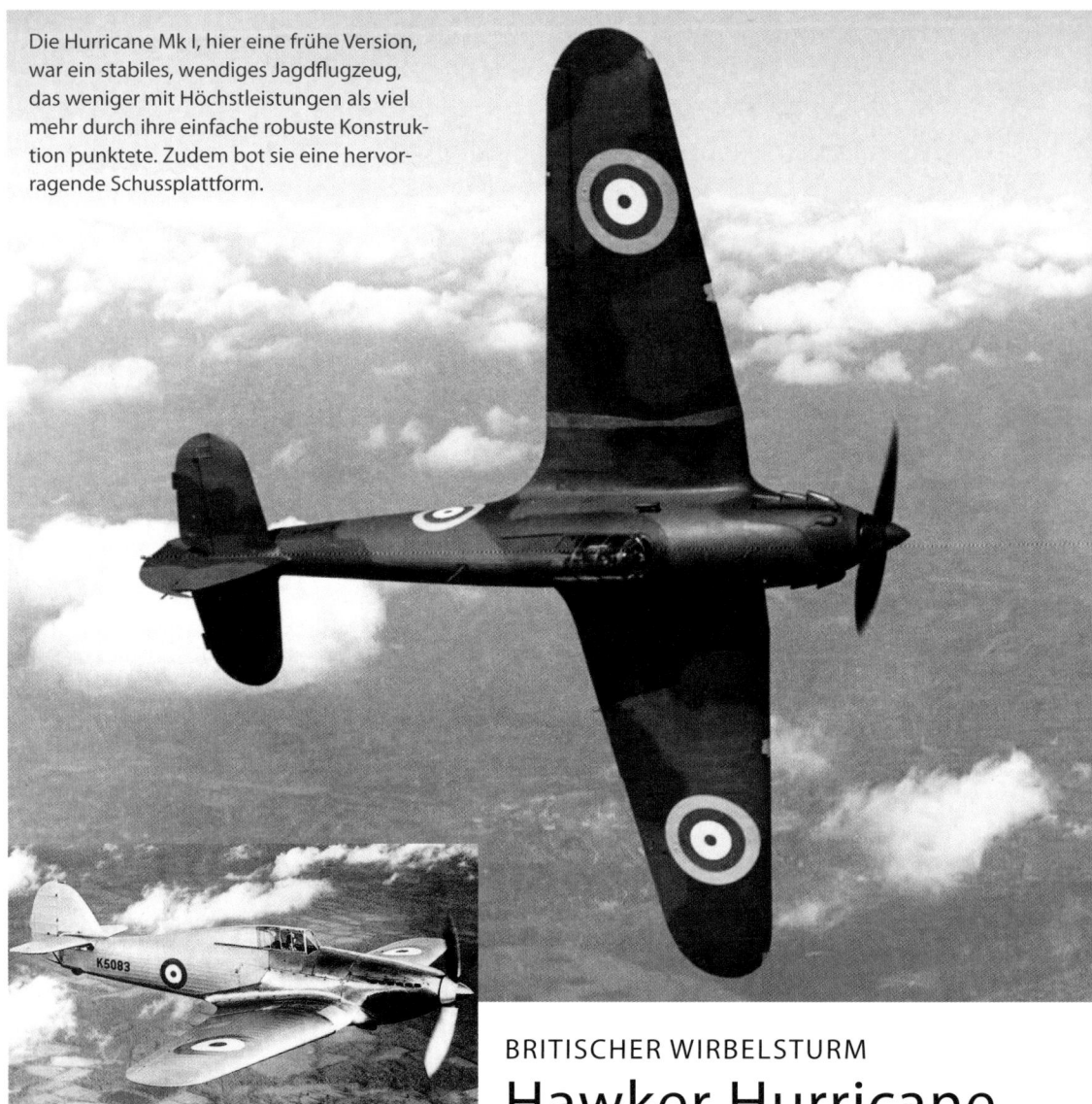

Die Hurricane Mk I, hier eine frühe Version, war ein stabiles, wendiges Jagdflugzeug, das weniger mit Höchstleistungen als viel mehr durch ihre einfache robuste Konstruktion punktete. Zudem bot sie eine hervorragende Schussplattform.

Der erste Hurricane-Prototyp startete am 6. November 1935 zum Jungfernflug.

Hawker Hurricane

Als im Sommer und Herbst 1940 die Battle of Britain über Südengland tobte, waren es die Jägerpiloten der Royal Air Force, die verbissen gegen den Ansturm der deutschen Luftwaffe kämpften. Zu zwei Drittel flogen jene jungen Männer die Hawker Hurricane,

Gerade in den ersten Kriegsjahren stand Hawkers Hurricane zu Unrecht im Schatten der berühmten Spitfire. Während der Battle of Britain gingen die meisten Abschüsse auf das Konto der robusten und zuverlässigen Hurricane, ohne die Großbritannien seine schwerste Stunde nicht überstanden hätte.

Unter der Leitung von Chefkonstrukteur Sydney Camm arbeitete man bei Hawker seit 1933 an einem neuen Eindecker-Jagdflugzeug, dessen Pro-

Hurricane Mk I der RAF 1940 in England. Während der Battle of Britain hatten die Hurricane-Einheiten die Hauptlast zu tragen. Taktischerweise griffen die langsamen, stabilen Hurricane möglichst die deutschen Bomber an, während sich die Spitfire-Piloten um die Bf 109 kümmerten.

Als Jäger bald in der zweiten Reihe, wurde die Hurricane mehr und mehr zu Jagdbombereinsätzen herangezogen. Im Bild wird eine Mk IIB der RCAF mit zwei 113-kg-Bomben bestückt.

Eine Hurricane Mk I wird für den nächsten Einsatz klargemacht.

totyp am 6. November 1935 zum Erstflug startete. Bei der Royal Air Force (RAF) fand der schnelle Jäger großen Anklang, und bereits im Juli 1936 wurden 600 des Hurricane genannten Typs in Auftrag gegeben. Er sollte schnellstens die veralteten Doppeldecker Gloster Gladiator ersetzen. Die erste Serienmaschine Hurricane Mk I flog am 12. Oktober 1937. Von der Konstruktion her war der neue Hawker-Jäger zwar bewährt, aber an sich technisch überholt. Der Rumpf bestand aus einem Stahlrohrgerüst, das im vorderen Bereich mit Leichtmetallblechen beplankt und ansonsten stoffbespannt war. Die Tragflächen wurden ebenfalls mit Blech verkleidet. Innen bestanden sie bis zu den Fahrwerkanschlüssen hin aus einem Rohrgerüst, darüber hinaus waren sie in moderner Schalenbauweise gefertigt.

Acht Maschinengewehre

Als Bewaffnung fanden zu dieser Zeit imposante in den Flächen montierte acht Browning-Maschinengewehre, Kaliber 7,7 Millimeter, Verwendung. Angetrieben wurde der stabile mit Einziehfahrwerk ausgestattete Tiefdecker von einem 1030 PS leistenden Rolls-Royce Merlin II, der eine starre Zweiblattluftschraube drehte. Anfang 1939 kam der gleich starke Merlin III zum Einbau, der einen effektiveren mit konstanter Drehzahl laufenden Dreiblattpropeller antrieb. Um die Leistung der Hurricane, besonders die Höchstgeschwindigkeit und Steigrate, zu erhöhen, erhielt die Version Mk II den stärkeren Merlin XX mit zweistufigem Lader und einer Leis-

Das britische Jagdflieger-Ass Squadron Leader Robert Stanford Tuck in seiner Hurricane im Winter 1940/41. Tuck wurde am 28. Januar 1942 in seiner Spitfire während eines Tiefangriffs von der Flak abgeschossen und geriet in Gefangenschaft.

Hurricane Mk IID Trop mit 40-mm-MK unter den Tragflächen kurz vor dem Start in Nordafrika. Links folgen Spitfire-Jäger *(Fotos: RAF)*

Sehr schwer bewaffnet und selbst für Panzer tödlich: Hurricane Mk IID mit den beiden 40 -mm-Maschinenkanonen mit je 15 Schuss unter den Flächen. Die beiden 7,7-mm-MG (unter Klebeband) dienten mit ihren Leuchtspurgeschossen auch zur Zielaufnahme.

tung von bis zu 1460 PS. Die ersten um rund 20 km/h schnelleren Hurricane Mk IIA wurden im Herbst 1940 ausgeliefert. Während dieser Baureihe kam auch ein neuer Flügel zum Einsatz, der zum Tragen von Abwurflasten oder Zusatztanks ausgelegt war. Zugleich erhielt das Flugzeug einen verlängerten Rumpf. Mit der Mk IIB erhöhte man die Flügelbewaffnung auf stattliche zwölf 7,7 mm-MG. Versuche hatten jedoch gezeigt, dass eine Bewaffnung mit Bordkanonen effektiver war als mit Maschinengewehren. So erhielt die 1941 folgende Version Hurricane Mk IIC vier Maschinenkanonen, Kaliber 20 Millimeter, von Hispano, für pro Lauf 90 Schuss zur Verfügung standen.

Im Tiefflug auf Panzerjagd
Da die Hurricane mit Fortschreiten des Krieges als Jäger gegenüber ihren Kontrahenten immer mehr ins Hintertreffen geriet, richtete sich das Augenmerk der Entwickler vorrangig auf die Tiefangriffs-Qualitäten der

Hurricane. Diese Bestrebungen gipfelten in der Variante Mk IID, die mit zwei schweren 40-mm-Bordkanonen unter den Tragflächen ausgestattet war. Von den MG blieben nur zwei installiert. Eine erst Mk IIE, dann Mk IV genannte Version, angetrieben von einem Rolls-Royce Merlin 24 od. 27 mit 1620 PS Leistung, konnte wahlweise mit schweren Kanonen, Bomben oder Raketen ausgerüstet werden. Sämtliche in weit südlichen Regionen eingesetzten Hurricane-Jäger erhielten spezielle Sandfilter (Tropen-Ausrüstung - Trop), was allerdings 30 bis 40 km/h an Höchstgeschwindigkeit kostete. Für den Flugzeugträger-Einsatz bei der Fleet Air Arm (FAA), der britischen Marineluftwaffe, wurden verschiedene Hurricane-Varianten mit Fanghaken versehen zu trägertauglichen Sea-Hurricane.

Eine ganz spezielle Angelegenheit waren die so genannten Hurricat. Dabei handelte es sich um eine Reihe umgebauter Mk I, die 1941 zu Sea-Hurricane umgerüstet und mit Beschlägen für den Katapultstart ausgestattet wurden. Montiert waren die Abschussanlagen auf 35 ehemaligen Handelsschiffen. Ziel der nicht unerheblichen Aufwendungen war die Abwehr deutscher Langstrecken-Fernaufklärer vom Typ Focke-Wulf Fw 200 Condor, die mit Bomben bestückt eine immerwährende Gefahr für die Geleitzüge aus den USA darstellten. Zum ersten Abschuss einer Fw 200 durch eine Hurricat kam es am 3. August 1941.

Insgesamt wurden annähernd 14600 Hurricane bis 1944 gebaut, darunter 1391 als Mk X, XI und XII bezeichnete Maschinen in Kanada. Rund 3000 der Hawker-Jäger gingen an die sowjetische Luftwaffe.

Sea Hurricane Mk IA, in der katapultstartfähigen Ausführung auch Hurricat genannt, in für britische Seeflugzeuge typischem Anstrich. Konnte der Pilot nach dem Einsatz keinen geeigneten Landeplatz erreichen, sollte er die Maschine per Fallschirmabsprung verlassen oder neben dem Katapultschiff (CAM Ship) auf das Wasser setzen.

Insgesamt 13 Startraketen katapultierten eine Hurricat in die Luft. Ein Schauspiel, das weithin sichtbar war – auch für deutsche Flugzeugbesatzungen.

Großbritanniens Rettung

Kurz nach Beginn des Zweiten Weltkrieges und damit gerade rechtzeitig wurde die leistungsstärkere spätere Mk I-Variante der Hurricane mit dreiblättriger Luftschraube an die RAF-Einheiten ausgeliefert. Gegen die schnelle deutsche Messerschmitt Bf 109 E, der sie über Frankreich im Frühjahr 1940 begegnete, konnte es jedoch auch diese Hurricane-Variante nur mit Mühe aufnehmen. Anfang August 1940 waren 32 Jägerstaffeln mit der Hurricane ausgerüstet, nur 19 dagegen mit der Supermarine Spitfire. Während der Battle of Britain, der Luftschlacht um England, erzielten die Hurricane-Piloten rund zwei Drittel der Abschüsse, und nicht wenige Jagdflieger zogen zu dieser Zeit die langsamere und etwas behäbigere Hurricane der zwar leistungsfähigeren aber auch weitaus empfindlicheren

Hurricane Mk IVD, die 1943 versuchsweise zur Mk V samt Merlin 32 und Vierblattluftschraube umgebaut wurde

Sea-Hurricane kurz vor dem Start von einen Flugzeugträger der Royal Navy

Spitfire vor. Die an sich überholte stoffbespannte Stahlrohrbauweise stellte sich als überaus robust heraus und vertrug auch größere Beschussschäden.

Große Erfolge verbuchten Hurricane-Einheiten 1940 bis 1942 bei der Verteidigung von Malta und über Nordafrika gegen die deutsche und italienische Luftwaffe. Auch bewährte sich die Hurricane hier bereits in ihrer neuen Rolle als Tiefangriffsflugzeug bei der Unterstützung von Bodentruppen. Mit den schweren 40-mm-Kanonen bewaffnet gingen Hurricane sogar erfolgreich auf Panzerjagd. Auch hier zeigte sich die Hawker-Konstruktion wieder als hervorragende Schussplattform. So waren es auch Hurricane, mit denen alliierte Piloten 1942 erstmals Raketengeschosse gegen Erdziele einsetzten. Weitere Einsatzgebiete lagen in der Fotoaufklärung und Nachtjagd – schon im Herbst 1940 starteten Hurricane zu Dämmerungs- und Nachtjagdeinsätzen, was sich bis ins Jahr 1943 in nennenswertem Umfang fortsetzte. Neben den Staaten des Vereinten Königreichs flogen Hurricane auch in vielen anderen Luftstreitkräften, darunter in der Sowjetunion, Türkei, Jugoslawien, Belgien, Finnland und Rumänien.

TECHNISCHE DATEN			
Hawker Hurricane	**Mk I**	**Mk IIB**	**Mk IIC**
Einsatzzweck	Jagdflugzeug	Jagdbomber	
Antrieb	Rolls-Royce Merlin III V-12-Zylindermotor	Merlin XX	Merlin XX
Leistung	1030 PS in 5000 m	1460 PS in 1900 m	
Länge	9,58 m	9,82 m	9,82 m
Spannweite	12,19 m	12,19 m	12,19 m
Höhe	3,95 m	3,95 m	3,95 m
Flügelfläche	23,92 m²	23,92 m²	23,92 m²
Leergewicht:	2260 kg	2480 kg	2566 kg
Abfluggewicht	2996 kg	3280 kg	3422 kg
Höchstgeschwindigkeit	510 km/h in 5000 m	545 km/h in 6000 m	525 km/h in 5500 m
Steigleistung	4575 m in 6,3 min	4575 m in 5,5 min	6700 m in 9,1 min
Reichweite	810 km	760 km	740 km
Gipfelhöhe	10.200 m	11.000 m	10.850 m
Bewaffnung	8 x MG - 7,7 mm	12 x MG - 7,7 mm	2 x MK - 20 mm
Abwurflast	keine	2 x 113 oder 227 kg oder 8 Raketen – 27 kg	

Hurricane Mk I der No 242 Squadron, RAF, England im Sommer 1940. Der mit einer Hitler-Karikatur verzierte Jäger wurde von Squadron Leader Douglas R. S. Bader geflogen.

Hurricane Mk I Trop, P3731, der No 261, RAF, stationiert in Luqa auf Malta im Dezember 1941, geflogen von Sergeant F N Robertson

Hurricane Mk I Trop der No 3 Squadron, RAAF, in Nordafrika 1941, geflogen von Flight Lieutenant Tom Trimble

Hurricane Mk IIC, No 1 Squadron, RAF, stationiert in Tangmere/England im Mai 1942. Geflogen wurde sie vom tschechischen Piloten Flight Lieutenant K. M. Kuttlewascher. Für Nachtjagdeinsätze war die Maschine teilweise schwarz lackiert.

Ein Defiant-Nachtjäger mit verwaschenem schwarzem Anstrich. Nachtaktiv bewies die Defiant 1940/41 durchaus Qualitäten, in der Rolle als Tagjäger hatte sich die träge „Daffy" nicht bewährt.

Ein Defiant-Schütze am manuell betriebenen Drehturm, der mit vier MG und etlichen Panzerplatten ausgestattet war und rund 540 kg wog.

TECHNISCHE DATEN

Boulton Paul Defiant Mk I

Einsatzzweck:
Zweisitziger Jäger
Antrieb: Rolls-Royce Merlin III
V-12-Zylindermotor
Startleistung: 1030 PS
Länge: 10,77 m
Spannweite: 11,99 m
Höhe: 3,46 m
Flügelfläche: 23,20 m²
Leergewicht: 2763 kg
Startgewicht max.: 3909 kg
Höchstgeschwindigkeit:
490 km/h in 5200 m
Steigleistung:
4600 m in 8,5 min
Reichweite max.: 750 km
Dienstgipfelhöhe: 9250 m
Bewaffnung:
4 × MG in Drehturm - 7,7 mm
110 kg Bombenlast

UNPRAKTISCHER VIERLING

Boulton Paul Defiant

Mit der Defiant sollte ein neuer Jägertyp in der Royal Air Force etabliert werden. Dass das Konzept nicht aufging, nahm man erst im verlustreichen Einsatz gegen deutsche Jäger zur Kenntnis

Im zweiten Anlauf machte man sich bei der Boulton Paul Aircraft Ltd 1935 an die Entwicklung eines ganz besonderen Jägertyps. Das 1937 erstmals geflogene Muster P.82 war mit einem Drehturm auf dem Rumpfrücken bewaffnet und sollte so in der Lage sein, Feindmaschinen variabel, und damit länger als mit einem üblichen Jäger, unter Beschuss zu nehmen. Der manuell betriebenen Drehturm verfügte über vier Browning-Maschinengewehre, Kaliber 7,7 Millimeter. Der Schütze konnte zu den Seiten und nach hinten feuern. Nach vorne gerichtete Waffen hielt man für unnötig. Ein 1030 PS starker Rolls-Royce Merlin-V-12-Motor sorgte für Vortrieb, doch enttäuschten die Flugleistungen.

Schaukämpfe mit den RAF-Jägern Hurricane und Spitfire endeten mit eindeutigem Ergebnis: Die Defiant war nicht in der Lage, gegen moderne Jagdeinsitzer zu bestehen. Nicht anders verhielt es sich beim Aufeinandertreffen mit deutschen Jägern: Nachdem es anfangs zu Verwechslungen mit der Hurricane kam, zeigte sich die an sich gut zu fliegende Defiant auch gegen die Bf 109 als viel zu langsam und träge. Handelte es sich beim Gegner dagegen nicht um einmotorige Jäger, konnten durchaus Erfolge erzielt werden. Ein neues Aufgabengebiet für die Defiant fand sich noch 1940 in der Rolle als Nachtjäger. Auch erhielten die Maschinen bald schon erste Radargeräte zum Aufspüren der deutschen Bomber. Mit der Verfügbarkeit leistungsfähigerer zweimotoriger Nachtjagdtypen nutzte man die Defiant, von der 1064 Stück entstanden, in der Seenotrettung sowie als Zielschlepp- und Schulflugzeug. Die Besatzungen gaben der lahmen Defiant den Spitznamen „Daffy" (nach der Zeichentrick-Ente Daffy Duck).

Fliegerisch einwandfrei, langstreckentauglich und zuverlässig: Fairey Fulmar des Fleet Air Arm der britischen Marine

Alltag auf britischen Trägern von 1940-43: Trägerstart einer Fulmar *(Fotos: RAF)*

GEDIEGENER MARINEJÄGER
Fairey Fulmar

Mit dem zweisitzigen Jäger Fairey Fulmar erhielt der Fleet Air Arm endlich ein rundum einsatztaugliches Träger-Jagdflugzeug

A m 13. Januar 1937 hob die Fairey P.4/34 der Fairey Aviation zum Erstflug ab. Es war der Prototyp des trägergestützten Jägers Fairey Fulmar, der als möglicher Ersatz für die Skua gedacht war. Zwar konnte der zweisitzige mit nach hinten klappbaren Flächen ausgerüstete Marine-Jäger nicht mit großartigen Flugleistungen aufwarten. Während des Einsatzes auf See war aber ohnehin kaum mit modernen gegnerischen Jagdflugzeugen zu rechnen. Dafür gefiel die ab Mitte 1940 eingesetzte Fulmar mit gutmütigen Flugeigenschaften, Zuverlässigkeit und großer Reichweite. Die Bewaffnung aus acht MG in den Flügeln samt großem Munitionsvorrat galt als adäquat, die serienmäßig fehlende Waffe für den Beobachter und Funker fand dagegen kein Gefallen. Bodenpersonal und Besatzungen behalfen sich diesbezüglich bisweilen mit außergewöhnlichen Mitteln.

Mit stärkerem Rolls-Royce-Motor und weiteren Verbesserungen erschien Anfang 1941 die Mk II, von der 100 Exemplare zu Nachtjägern umgerüstet wurden.

Die Fairey Fulmar bewährte sich als Jäger und Aufklärer. 1943 begann ihre Ablösung durch Seafire und Firefly, einige Maschinen blieben jedoch bis Kriegsende im Einsatz. Insgesamt entstanden bis Dezember 1940 600 Maschinen, davon 350 Mk II.

TECHNISCHE DATEN	
Fairey Fulmar Mk II	
Einsatzzweck: Zweisitziger Jäger	
Antrieb: Rolls-Royce Merlin 30 V 12-Zylinder-Motor	
Startleistung: 1300 PS	
Länge: 12,25 m	
Spannweite: 14,13 m	
Höhe: 4,27 m	
Flügelfläche: 32,00 m²	
Leergewicht: 3182 kg	
Startgewicht max.: 4627 kg	
Höchstgeschwindigkeit: 440 km/h in 2200 m	
Reichweite max.: 1250 km	
Dienstgipfelhöhe: 8300 m	
Bewaffnung: 8 × MG - 7,7 mm	
Individuelle Abwehrwaffe möglich	
110 kg Bombenlast	

Frühe Spitfire der No 19 Squadron, die den neuen Jäger Mitte 1938 als erste Einheit erhielt. Die Maschine flog mit fester Zwei-blattluftschraube.

Supermarine Spitfire Mk I–V

Die harten Kämpfe gegen die Luftwaffe während der Battle of Britain 1940 über Südengland und dem Kanal begründeten den Ruhm des britischen Jagdflugzeugs schlechthin: der Supermarine Spitfire

Supermarine Modell 300, der Prototyp des später Spitfire genannten Jägers erreichte 580 km/h.

Als die britische Insel im Sommer und Herbst 1940 einer nahenden deutschen Invasion ins Auge blickte und ums nackte Überleben kämpfte, waren es die jungen Jagdflieger der Royal Air Force (RAF), die während der Battle of Britain, der Luftschlacht um England, an vorderster Linie standen und sich mit enormem Kampfgeist den Deutschen entgegenwarfen. Auch wenn die Mehrzahl der jungen Piloten damals die Hawker Hurricane flogen und diese die meisten Abschüsse erzielten, symbolisiert doch die Spitfire den gewonnen Abwehrkampf während jener schicksalhaften Zeit.

Ein großer Wurf

Entsprechend der Spezifikation F10/35 für ein neues Jagdflugzeug entwickelte man bei der zu Vickers gehörenden Flugzeugbaufirma Supermarine ein modernes Jagdflugzeug. Chef-Designer Reginald J Mitchell hatte sich in den 1920er- und 1930er-Jahren mit der Konstruktion von Seerennflugzeugen in der legendären Schneider Trophy einen Namen gemacht. Die entsprechend schnittig wirkende Maschine mit der Firmen-

Über die Farbgebung des Spitfire-Prototyps wurde und wird viel spekuliert, wahrscheinlich war sie in einem hellen Blauton lackiert.

Spitfire Mk I der No 65 Squadron auf einem Fotoflug für die Presse Mitte 1939

bezeichnung Typ 300 konnte am 5. März 1936 vom Flugfeld Eastleigh bei Southampton erstmals abheben. Angetrieben wurde sie von einem 1000 PS starken V-12-Motor von Rolls-Royce. Schon nach den ersten Flügen des Prototyp der künftigen Spitfire war klar: Dem Team um Mitchell war ein großer Wurf gelungen. Im Luftfahrtministerium zeigte man sich beeindruckt vom Leistungsvermögen des Typs und beauftragte Supermarine mit dem Bau von zunächst 310 Exemplaren der Mk I (Mk für Mark = Typ). Somit wurde die Spitfire neben Hawkers Hurricane zum zweiten neuen Standard-Jagdflugzeug der RAF bestimmt.

Schwierigkeiten ergaben sich anfangs noch bei der Massenfertigung des revolutionär konstruierten Ganzmetall-Tiefdeckers, insbesondere die elliptischen Tragflächen gaben einige Probleme auf. Ändern wollte man diese jedoch nicht, schließlich hatten sie großen Anteil an den guten Flugleistungen und Eigenschaften der Spitfire. Das widerstandsarme Flügelprofil war so dünn wie möglich gehalten, wobei das Einziehfahrwerk und der Waffeneinbau klare Mindestmaße vorgaben. Inwieweit das Team um Mitchell von dem deutschen mit elliptischen Flächen ausgestatteten Schnellverkehrsflugzeug Heinkel He 70 (Erstflug 1932) inspiriert war, ist bis heute umstritten. Hinsichtlich des Flügelprofils unterschieden sich die Flugzeuge jedenfalls deutlich, zumal die Maschinen für völlig unterschiedliche Zwecke konstruiert waren. Im Juni 1937 starb Mitchell 42-jährig an Krebs, seinen Posten übernahm Joseph Smith.

Schon die erste Serie verfügte über die vom Ministerium vorgegebene Bewaffnung aus acht 7,7-mm-Maschinengewehren von Browning mit

Die Spitfire konnte im Sturzflug sehr hohe Geschwindigkeiten erreichen.

Spitfire Mk IIA, geflogen von Wing Commander Douglas Bader im März 1941.
Bader erzielte bis August 1941 23 Luftsiege.

Die meistproduzierte Mk V: Spitfire Mk VB mit zwei MK, Kaliber 20 Millimeter, und vier 7,7-mm-MG *(Fotos: RAF)*

Eine erbeutete Spitfire Mk I wird in Frankreich von deutschen Jagdfliegern begutachtet.

Das Cockpit einer Spitfire Mk II mit dem typischen Ring als Griff am Steuerknüppel

je 300 Schuss. Um die volle Leistung aus dem Rolls-Royce-Motor Merlin-III herauszuholen, war dessen Betrieb mit 100-Oktan-Treibstoff notwendig, der in Großbritannien, anders als in Deutschland, ausreichend vorhanden war.

Spitfire Mk II und V

Im März 1940 begann die Auslieferung der ersten in vielen Details verbesserten Spitfire Mk II, angetrieben von einem Merlin-XII-Triebwerk mit Zweistufenlader und 1175 PS. Außerdem wies sie ein verbessertes Fahrwerk auf und hatte die im Laufe der Mark-I-Serie bereits zum Einbau gekommene gewölbte Kabinenhaube. Sie ermöglichte mehr Kopffreiheit und eine bessere Sicht. Die Waffenanlage wurde verändert, indem man vier der acht 7,7-mm-MG wegließ und durch zwei Hispano-Kanonen, Kaliber 20 Millimeter, ersetzte. Versuchsweise waren Mk I schon im Vorfeld derart ausgestattet worden. Modelle mit dem neuen Waffenflügel wurden Mk IB beziehungsweise IIB genannt. Die weiterhin gebauten Maschinen mit acht MG trugen den Zusatz A.

Die geplante Serie Mk III mit Merlin XX ging nicht in Serie, da der Motor für die Hurricane benötigt wurde und auch die Mk IV entfiel. Es folgte 1941 die in 6487 Exemplaren produzierte Spitfire Mk V, für die der Rolls-Royce Merlin 45 als Antrieb gewählt wurde. Das Vergasersystem des neuen Motors kam im Unterschied zu den Ausführungen in der Mk I und II, auch mit negativen G-Kräften zurecht. Die Höchstgeschwindigkeit der Mk V lag bei rund 600 km/h. Einen weiteren Schritt in Sachen Bewaffnung schlug man mit dem C-Flügel ein, der mit jeweils vier

Eine von 47 Spitfire Mk V mit Zusatztank auf der HMS Wasp kurz vor dem Start nach Malta zur Unterstützung der dortigen Fliegerkräfte *(Fotos: RAF)*

Spitfire VC Ttrop der No 417 Squadron der RCAF mit Sand-filter unter dem Vorderrumpf in Tunesien 1943. Der Filter kostete bis zu dreizehn km/h.

20-mm-MK und 7,7-mm-MG versehen war. Der größte Teil der Mk-V-Spitfire liefen jedoch als VB vom Band.

Für den Einsatz in südlichen Ländern schuf Supermarine ein Rüstpaket mit Sandfilter, der unter dem Rumpfbug in einer bauchigen Verkleidung saß. An der Mk VC war erstmals eine Bombenlast von bis zu 454 Kilogramm unter den Flächen möglich. Auch konnte unter den Rumpf der Mk V ein abwerfbarer 136 Liter fassender Zusatztank gehängt werden. Als Reaktion auf die überlegene deutsche Focke-Wulf Fw 190 erhielten etliche Spitfire V auf 9,80 Meter verkürzte Flächen und veränderte Lader für erhöhten Ladedruck, der bis zu 1585 PS ermöglichte.

Schon mit der Mk I begann Supermarine schnelle Fotoaufklärer mit erhöhter Reichweite abzuleiten. Teilweise flogen diese Maschinen unbewaffnet.

Die Bezeichnung Seafire bekamen für den Fleet Air Arm, die fliegende Truppe der Royal Navy, bestimmte Spitfire. Diese hatten unter anderem eine verstärkte Zelle und einen Fanghaken für den Trägerdeckbetrieb.

Jagdfliegerlegende: Der beid-seitig Unterschenkel-amputierte Douglas Bader. Das Fliegerass mit Führungsqualitäten musste am 9. August 1941 aus seiner beschädigten Spitfire aussteigen und geriet in Gefangenschaft.

Gemischte Einsatzerfahrungen

Im August 1938 wurden die ersten Spitfire-Jäger an die RAF geliefert. Bis zu Beginn des Zweiten Weltkrieges waren 306 Spitfire an das Fighter Command der RAF ausgeliefert, wobei zahlreiche durch Unfälle mit den

Eine Seafire mit ihrem Piloten auf einem Flugzeugträger der Royal Navy. Wirklich geeignet für diese Rolle war der Jäger nicht. *(Fotos: RAF)*

Spitfire Mk VB im ab Ende 1940 üblichen Tarnschema – das frühere Braun war einem Grau gewichen

Spitfire Mk VC mit je vier MK und MG der in Italien stationierten südafrikanischen No 25 Squadron

noch ungeübten Piloten ausfielen. In den meisten Squadrons wurde die etwa neun Monate früher eingeführte Hawker Hurricane und vereinzelt auch noch der veraltete Doppeldecker Gloster Gladiator geflogen.

Wahrend die Hurricane schon in Frankreich gegen die deutsche Luftwaffe zum Einsatz gelangt war, hatte man die Spitfire-Einheiten auf der Insel zurückbehalten. Am 13. Mai 1940 endete das Aufeinandertreffen von Spitfire Mk I und Bf 109 E über Dünkirchen schmerzlich für die britischen Jagdflieger: Sieben Spitfire wurden abgeschossen. Doch flogen diese Spitfire mit den zunächst installierten Verstellpropellern, die in lediglich zwei Stellungen funktionierten und für ein Jagdflugzeug völlig ungeeignet waren. Bald kam eine verbesserte Luftschraube, die den Kampfwert der Spitfire erheblich steigerte.

Während der Battle of Britain schlug dann die große Stunde der Spitfire, und es wurde deutlich, dass sich die Spitfire und Bf 109 auf Augenhöhe befanden mit Vor- und Nachteilen auf beiden Seiten. So zeigten sich die acht Maschinengewehre der Spitfire als wenig effektiv, besonders gegen Bomber. Wenngleich sie eine durch verteilte Anordnung hohe Streuwirkung besaßen. Ein weiterer Nachteil der Britin lag unter der Motorhaube: Der Rolls-Royce Merlin der Spitfire wurde noch von einem Vergaser gespeist, wodurch in starken negativen Flugzuständen die Spritversorgung unterbrochen wurde und der Motor zu stottern begann oder gar ganz ausfiel. So konnte der Pilot nicht direkt kopfüber in den Sturzflug gehen, wie das mit dem Einspritzmotor der Messerschmitt Bf 109 möglich war, sondern musste erst eine halbe Rolle drehen, um eine positive

Spitfire Mk IA der No 65 Sqoadron, geflogen von Flight Lieutenant Robert Stanford Tuck, Hornchurch/England im August 1939. Die linke Flügelunterseite war schwarz lackiert.

Spitfire Mk IB der No 19 Squadron. Geflogen wurde die R6776 von Flt Sgt George Unwin im August 1940.

Spitfire Mk.VB der No. 41 Squadron in Hawkinge/Kent, im Juni 1942. Nur wenige Spitfire wurden als Nachtjäger eingesetzt.

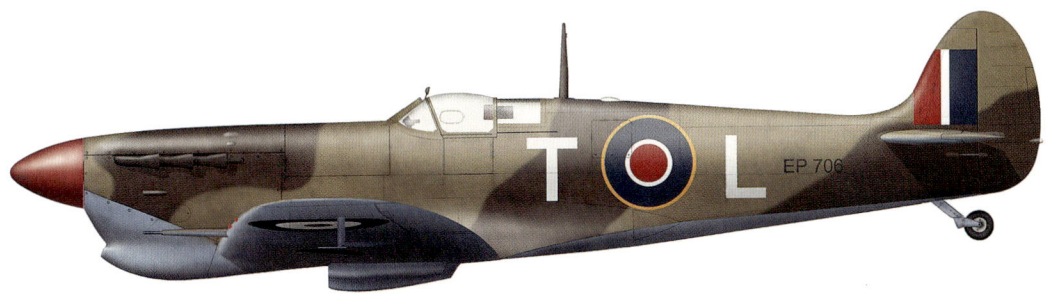

Spitfire Mk VB Trop der No. 249 Sqn.. RAF-Ass Pilot Officer George Beurling erzielte mit ihr während der Kämpfe um Malta im September/Oktober 1942 vier Abschüsse. Die Maschine könnte auch grau/grün lackiert gewesen sein.

Spitfire Mk VB mit gekürzten Tragflächen, die in niedrigen Flughohen für mehr Geschwindigkeit und Wendigkeit sorgten, sich in mittleren bis großen Höhen jedoch nachteilig auswirkten *(Foto: RAF)*

Beschleunigung aufzubauen. Erst die Mk V schuf diesbezüglich Abhilfe. Dafür konnte die Spitfire enger kurven und besaß die bessere Rollrate. Die ab Anfang 1941 vermehrt auftauchende neue Bf 109 F zeigte sich der Mk II überlegen. Mit der Mk V zogen die Briten nach. Besonders die Mk V wurde im weiteren Kriegsverlauf an praktisch allen Fronten geflogen. Dabei war sie hauptsächlich als Jäger aber auch als Jagdbomber und Fotoaufklärer eingesetzt.

Mit dem Auftauchen der deutschen Focke-Wulf Fw 190 Mitte 1941 begann eine harte Zeit für die Spitfire-V-Piloten: Die „190" deklassierte den britischen Meisterjäger schlichtweg, und Supermarine geriet in arge Bedrängnis. Erst die Mk IX, die ab Mitte 1942 in die Einheiten kam, stellte das Gleichgewicht wieder her.

TECHNISCHE DATEN

Supermarine Spitfire	Mk IA	Mk IIB	Mk VB
Einsatzzweck	Jagdflugzeug		Jäger/Jagdbomber
AntriebAntrieb	Rolls-Royce Merlin III V-12-Zylindermotor	Merlin XII	Merlin 45
Leistung in	1310 PS in 2700 m	1175 PS in 4300 m	1470 PS in 2800 m
Länge	9,12 m	9,12 m	9,12 m
Spannweite	11,25 m	11,25 m	11,25 m
Höhe	3,49 m	3,49 m	3,49 m
Flügelfläche	22,48 m²	22,48 m²	22,48 m²
Leergewicht:	2028 kg	2270 kg	2280 kg
Abfluggewicht	2740 kg	2850 kg	2990 kg
Höchstgeschwindigkeit	575 km/h in 5800 m	580 km/h	600 km/h in 4000 m
Steigleistung	900 m in 1 min	1000 m in 1,25 min	-
	6100 m in 7,7 min	6010 m in 7,0 min	6700 m in 9,1 min
	9150 m in 16,4 min	-	
Reichweite	640 km	740 km	740 km
Gipfelhöhe	10.350 m	11.300 m	11.300 m
Bewaffnung	8 x MG - 7,7 mm	4 x MG - 7,7 mm	4 x MG - 7,7 mm
		2 x MK - 20 mm	2 x MK - 20 mm
Abwurflast	keine	keine	2 x 113 oder 227 kg

Westlands flinke Whirlwind während eines Erprobungs- und Fotofluges   *Foto (2): RAF*

Tödliche Anordnung: Die im Bug dicht beieinander installierten Hispano-Maschinenkanonen einer Whirlwind. Pro Lauf standen 60 Schuss zur Verfügung. Die Motorkühler waren widerstandsarm in den Innenflächen untergebracht.

WIRBELWIND MIT MOTORPROBLEMEN

Westland Whirlwind

Die schwer und effektiv bewaffnete Whirlwind zeigte sich 1938 als überaus fähige Jagdmaschine mit großem Einsatzpotenzial

E in schwerer Jäger mit großem Einsatzradius und starker Bewaffnung, und obendrein mit guten Flugleistungen- und Eigenschaften. Diese Beschreibung passt auf die Whirlwind des britischen Flugzeugbauers Westland. Dort hatte man der Spezifikation F.37/35 von 1935 folgend eine zweimotorige, kleine Jagdmaschine entwickelt, die am 11. Oktober 1938 zum Erstflug gestartet war und anschließend die Erprobung bei der Royal Air Force durchlief.

Die beiden neu entwickelten Motoren des Typs Rolls-Royce Peregrine verhalfen der kleinen Zweimot zu beachtlichen Flugleistungen. In der Höchstgeschwindigkeit lag sie etwa gleichauf mit dem neuen Jägertyp Supermarine Spitfire. Mit vier zentral im Bug angeordneten Maschinenkanonen, Kaliber 20 Millimeter, war die Whirlwind außerdem zu ihrer Zeit der am stärksten bewaffnete Jäger überhaupt.

In der Folgezeit rüstete man zwei Squadrons der RAF mit der Whirlwind aus, die aufgrund ihrer hohen Landegeschwindigkeit große Einsatzplätze erforderte. Die gerade in Bodennähe sehr schnelle Whirlwind zeigte sich als effektive Waffe insbesondere bei der Bekämpfung von kleineren deutschen Kampfschiffen sowie Bodenzielen in Frankreich. Doch krankte der Jäger besonders an der Unzuverlässigkeit der Peregrine-Motoren. Die in Erwägung gezogene Umrüstung auf andere Aggregate kam wegen des zu großen Aufwandes nicht zustande.

1943 wurden die Whirlwind abgezogen und durch Hawker Typhoon ersetzt. So blieb es bei der bescheidenen Stückzahl von 116 gebauten Whirlwind-Jägern.

TECHNISCHE DATEN

Westland Whirlwind Mk I
Einsatzzweck: Schwerer Jäger
Antrieb:
2 x Rolls-Royce Peregrine I flüssigkeitsgekühlter V-12-Zylindermotor
Startleistung: 2 x 885 PS
Länge: 9,83 m
Spannweite: 13,72 m
Höhe: 3,35 m
Flügelfläche: 23,20 m²
Leergewicht: 3777 kg
Startgewicht (max.):
4707 (5200) kg
Höchstgeschwindigkeit:
580 km/h in 4570 m
Steigleistung: 15 m/sec
Reichweite max.: 1290 km
Dienstgipfelhöhe: 9240 m
Bewaffnung: 4 x MK – 20 mm
230 kg Bombenlast
(MK IA und II)

Beaufighter der australischen
Luftwaffe, die den schweren
Jagdbomber sehr erfolgreich
gegen die Japaner einsetzte

Blick auf den geräumigen
Arbeitsplatz eines Beaufighter-
Piloten mit Reflexvisier vor
der Windschutzscheibe,
Steuerhorn und reichhaltigem
Instrumentarium

KAMPFSTARKER JAGD- UND TORPEDOBOMBER

Bristol Beaufighter

Zunächst als Langstreckenjäger entworfen, wartete Bristols
Beaufighter mit vielschichtigen Qualitäten auf

Basierend auf dem Torpedobomber und Aufklärer Beaufort, von dem
Komponenten übernommen wurden, arbeitete das Entwicklungs-
team der Bristol Aeroplane Company an einem schweren Langstreckenjäger, der als Type 156 am 17. Juli 1939 zum Erstflug startete. Anfang
September 1940 wurden die ersten Maschinen in den aktiven Dienst des
Fighter Command der RAF übernommen, wo sie als Mk IF und Mk IIF
(Serie) als Nachtjäger zum Einsatz kamen. Bald darauf erhielten erste
Beaufighter A.I.-Bordradar-Garäte, die im Bug der Zweimots installiert
wurden. Zusammen mit ihrer großen Reichweite von knapp 2400 Kilometern und der enormen Feuerkraft aus vier Maschinenkanonen und
sechs Maschinengewehren war die zweisitzige Beaufighter zum Nachtjäger gut geeignet. Hohe Abschusszahlen bestätigten dies. Mitte bis Ende
1942 löste die schnellere de Havilland Mosquito die Beaufighter in den
Nachtjäger-Einheiten ab.

Gegen Wasser- und Bodenziele
Seit Mai 1941 flog vor allem das Costal Command, das Küstenkommando
der Royal Air Force, den Langstrecken-Jagdbomber Beaufighter Mk IC.
Ab Mitte 1942 konnte wahlweise auch ein Torpedo (Mk VIC) oder Rake-
ten mitgeführt werden. Die oft auch schlicht „Beau"genannte schwere
Bristol-Jäger wurde für feindliche Bodenziele, U-Boote und sonstige

Gefürchteter Gegner: Jagdbomber Beaufighter Mk IC der No 252 Squadron 1942 in Libyen *Fotos (4): RAF*

Eine Beaufighter Mk VIC des Costal Command (C) mit Torpedo unter dem Rumpf. Die Beau galt als hervorragender Torpedobomber.

Nachtjäger Beaufighter Mk IIF mit schlanken V-12-Motoren Rolls-Royce Merlin XX und Bordradar im Rumpfbug

TECHNISCHE DATEN
Bristol Beaufighter TF Mk X
Einsatzzweck: Schwerer Jäger/Torpedobomber
Besatzung: 2
Antrieb: 2 x Bristol Hercules XVII 14-Zylinder-Doppelstern-motor
Startleistung: 2 x 1735 PS
Länge: 12,70 m
Spannweite: 17,65 m
Höhe: 4,82 m
Flügelfläche: 46,73 m²
Leergewicht: 7080 kg
Startgewicht max.: 11.540 kg
Höchstgeschwindigkeit: 515 km/h in 3050 m
Steigleistung: 8,2 m/sec
Reichweite max.: 2350 km
Dienstgipfelhöhe: 5800 m
Bewaffnung: 4 x MK – 20 mm 6 x MG – 7,7 mm 2 x 450 kg Bombenlast oder acht Raketen je 27 kg oder 1 x Torpedo – 750 kg oder 1250 kg

Schiffe zur tödlichen Waffe. Hauptsächlich verteidigten die Beaus alliierte Konvois, griffen aber auch deutsche und italienische Nachschub-Schiffe und Flugzeuge etwa auf dem Weg nach Nordafrika an.

Von Mitte 1942 an kamen Beaufighter auf dem pazifischen Kriegsschauplatz gegen die Japaner zum Einsatz. Diese nannten die schwere Zweimot – angeblich – bald auch „Flüsternder Tod", da sie oft erst wahrgenommen wurde, als es praktisch schon zu spät war – ein Verdienst der laufruhigen Schiebersteuerung der Bristol-Motoren. Viele dieser Flugzeuge gehörten zur australischen Luftwaffe, die den schweren Jagdbomber mit großem Erfolg einsetzte. Die Version Mk 21 mit variabler Bewaffnung wurde ab 1944 direkt in Australien produziert.

Neben Sternmotoren des Typs Bristol Hercules erhielten die Versionen Mk II und teilweise auch Mk III V-12-Motoren Rolls-Royce Merlin XX, da die Hercules-Aggregate vorrangig für Sterling-Bomber gebraucht wurden. Die nächstgrößere Bauserie Mk VI bekam wieder Hercules-Motoren. Die letzte und mit 2231 Stück meistgebaute Version kam mit dem Torpedo-Jagdbomber Beaufighter TF Mk X, genannt Torbeau.

Im September 1945 beziehungsweise in Australien erst 1946 endete die Produktion der Beaufighter. 5564 britische und 365 australische Exemplare hatten bis dahin die Werkshallen verlassen. Beaufighter flogen in den Luftstreitkräften von zwölf Ländern und standen teils noch lange nach Kriegsende im Einsatz.

Feuerprobe: Ein Mosquito-Jagd-bomber FB Mk IV schießt aus allen Rohren.

Von deutschen Bomber- und Nachtjäger-Besatzungen gefürchtet: der britische Nachtjäger de Havilland Mosquito NF Mk II mit Bordradar
Fotos (3): RAF

DAS „HÖLZERNE WUNDER" AUF JAGD

de Havilland D.H.98 Mosquito Mk I–VI

1942 trat die Mosquito, bekannt als „Hölzernes Wunder", ihren Dienst in der Royal Air Force an. Die schnelle Zweimot brachte die deutsche Luftwaffe bald schon in Bedrängnis

Der erste D.H.98-Prototyp startete am 25. November 1940 zum Erstflug. Das Mosquito genannte Muster sollte sich folglich zu einem der herausragendsten Flugzeuge des Zweiten Weltkriegs mausern. Die Arbeiten an der zweisitzigen D.H.98 begannen 1938. Geplant war das zweimotorige Muster als schneller Bomber ohne Starr-waffen. Die zunächst zweifelnde Haltung des britischen Luftfahrtminis-teriums verschwand nach den ersten Flügen der D.H.98, die mit 630 km/h ein enormes Leistungspotenzial bot.

So kam es zur Bestellung von zunächst 245 Exemplaren. Die Maschinen entstanden in drei Versionen: 50 als Schnellbomber B, 19 als Aufklärer PR, beide ohne Schusswaffen, und 176 als Jäger F und NF (für Fighter/Night Fighter).

Eine Besonderheit des Entwurfs lag in der nahezu komplett aus Holz gefertigten Zelle. Die Paarung zwischen Holzbauweise und der enormen Leistungsfähigkeit der Mosquito brachte ihr den Beinahmen „The Wooden Wonder" („Das hölzerne Wunder") ein.

Für Vortrieb sorgten zwei V-12-Motoren vom Typ Rolls-Royce Merlin 21 oder 23 mit jeweils 1480 PS Startleistung.

Stark, schnell und gefürchtet

1942 erschienen die ersten Mosquitos über Deutschland. Und schon bald zeigte sich, dass die Luftwaffe ernsthafte Probleme hatte, die schnelle britische Zweimot abzuwehren. Die Mosquito-Nachtjäger NF Mk II flogen im April 1942 erste Einsätze bei der neu aufgestellten No 157 Squadron. Als spezielle Ausrüstung erhielt die NF Mk II ein im Bug installiertes A.I.-Bordradar. Bedient wurde es vom Beobachter und Funker, der rechts neben dem Flugzeugführer saß. Ebenfalls in der Bugpartie untergebracht war die schwere Bewaffnung der H.D.98-Jäger. Die Feuerkraft aus vier Maschinenkanonen und vier Maschinengewehren war gewaltig. Nur wenige kurze Feuerstöße genügten, um selbst ein größeres gegnerisches Flugzeug zum Absturz zu bringen. Entsprechend gefürchtet war die schnelle Mosquito bei den deutschen Besatzungen. Der wahrscheinlich erste Luftsieg durch eine nachtaktive Mosquito ereignete sich von 29. auf 30. Mai 1942 mit dem Abschuss einer zweimotorigen Dornier Do 217 über dem Kanal.

Nachtjäger NF Mk II der No 23 Squadron über Malta. Die Maschine flog Langstreckeneinsätze ohne Bordradar, das einem zusätzlichen Kraftstoffbehälter weichen musste. *(Fotos: RAF)*

Wartung und Munitionierung einer Mosquito. Während die Nacht- und Tagjäger NF und F/FB über einen Waffenbug verfügten, waren die Bomber- und Aufklärerversionen mit einem teilverglasten Rumpfbug ausgestattet.

Vielseitig

Am 1. Juni 1942 flog der erste Jagdbomber FB Mk VI, der die Bugwaffen der reinen Jäger F und NF aufwies, aber zusätzlich Bomben mitführen konnte.

Ob als Aufklärer, Bomber, Nachtjäger, Pfadfinder, der den Bombern den Weg wies und das Ziel markierte, oder Langstreckenjäger: Die Mosquito bewährte sich in jedem Aufgabenbereich ausgezeichnet. Für die deutsche Luftwaffenführung stellte die Abwehr der Mosquitos eine ganz besondere Herausforderung dar. Der sogenannten Mosquito-Plage wollte man mit speziellen, hoch und schnell fliegenden Jägern begegnen. In der Regel war weder die Messerschmitt Bf 109 G noch die Focke-Wulf Fw 190 A 1942 in der Lage, eine hoch fliegende Mosquito abzufangen.

Die D.H.98-Nachtjäger wurden weiterentwickelt und mit neuem Bordradar ausgerüstet. Eine Entwicklung, die über das Jahr 1942 hinaus immer ausgefeilter wurde und im Schlagabtausch mit deutscher Funkmesstechnik stand.

Jagdbomber Typhoon Mk IB – auffällig an der Hawker-Konstruktion ist das dicke Flügelprofil, das zwar viel Raum für Treibstoff, Waffen und Munition bot, aber auch höhere Geschwindigkeiten in mittleren und großen Höhen verhinderte.

Hawker Typhoon

Hawkers Typhoon sollte neben der Spitfire als zweiter moderner RAF-Jäger fliegen. Doch dauerte es geraume Zeit, bis die bullige Maschine wirklich zeigen konnte, was in ihr steckt

Die 20-mm-Hispano-Kanonen einer Typhoon Mk IB werden aufmunitioniert.

S chon 1937 begannen bei Hawker die Konstruktionsarbeiten an einem neuen Jagdeinsitzer für mittlere bis große Höhen. Zunächst entstanden zwei Versionen mit unterschiedlichen wassergekühlten 24-Zylinder-H-Motoren: der Typ N mit Napier Sabre (Typhoon) und Typ R mit Rolls-Royce Vulture (Tornado). Da der R-R-Antrieb nicht in ausreichender Zahl zur Verfügung stand, entschied man sich für den Typ N, der am 24. Februar 1940 seinen Jungfernflug absolvierte. Der 2000 PS starke Sabre-Motor bereitete jedoch massive Schwierigkeiten, und es verging noch über ein Jahr, ehe die erste Einsatzversion Mk IA, bewaffnet mit zwölf Maschinengewehren in den Tragflächen, als truppentauglich erklärt werden konnte.

Höhenschwäche
Im Sommer 1941 begann die Einsatzerprobung des Typhoon-Jägers, die zunächst unbefriedigend verlief. Die Piloten bemängelten unter ande-

rem die schlechte Höhen- und Steigleistung. Zudem mangelte es dem Motor an Zuverlässigkeit, sodass Flüge über den Kanal nach Frankreich zu einer heiklen Sache gerieten. Aufsehen erregte eine Reihe von tödlichen Abstürzen. Bei hoher Fahrt, vornehmlich im Sturzflug, konnten sich Schwingungen aufbauen, die zum Abreißen des Hecks führten. Die Typhoon-Einheiten verloren in den ersten neun Monaten mehr Flugzeuge durch Materialausfälle als durch Feindeinwirkung. Verstärkungen am Rumpfheck minderten das Problem, der spätere Einbau von veränderten Ausgleichsgewichten (die tatsächliche Ursache) beseitigten es letztlich.

Doch war die ansonsten sehr robust gebaute Typhoon auch der erste alliierte Jäger, der etwas schneller war als die deutsche Focke-Wulf Fw 190, die den RAF-Jagdfliegern in ihren Spitfire Mk V das Leben schwer machte. Der Geschwindigkeitsvorteil gegenüber der Fw 190 galt jedoch nur in geringen Höhen. Dort aber trumpfte die Typhoon auf, die überaus stabil in der Luft lag und eine sehr gute Schussplattform darstellte. Leidtragende waren die deutschen Jagdbomber, die über den Kanal einflogen und im Tiefangriff Punktziele attackierten. Verhängnisvollerweise kam es gerade anfangs zu Verwechslungen mit der Fw 190, die besonders von oben und unten gesehen der Typhoon sehr ähnelte. Etwas Abhilfe schuf die Kennzeichnung durch schwarz-weiße Erkennungsstreifen auf der Flächenunterseite.

Neue Rolle

Da der Hawker-Jäger mit dem Spitznamen „Tiffy" außerdem erstaunlich viel Abwurflast tragen konnte, lag die Spezialisierung als Jagdbomber nahe. So entstand aus dem missglückten Abfangjäger ein ausgezeichnetes Kampfflugzeug für Tiefangriffe. Neben der Möglichkeit, Bomben und ab 1943 auch Raketen mitführen zu können, verfügte die als Typhoon Mk IB bezeichnete Version über vier im Vergleich zu den zwölf MG der Mk IA weitaus wirkungsvollere Hispano-Maschinenkanonen, Kaliber 20 mm.

Die schwer bewaffneten Typhoon-Jagdbomber fügten ab Ende 1942 insbesondere den deutschen Bodentruppen enorme Verluste zu. Die klassische Jägerrolle hatte inzwischen die neue Spitfire Mk IX übernommen.

Eine frühe Typhoon Mk IA, von der nur 105 Exemplare entstanden. Der Pilot bestieg den Jäger per Tür, die sich während eines Luftkampfes auch schon mal selbstständig öffnete.

TECHNISCHE DATEN

Hawker Typhoon Mk IB
Einsatzzweck:
Jäger und Jagdbomber
Antrieb: Napier Sabre IIB
24-Zylinder-H-Motor
Startleistung: 2200 PS
Länge: 9,63 m
Spannweite: 12,67 m
Höhe: 4,66 m
Flügelfläche: 29,60 m²
Leergewicht: 4010 kg
Startgewicht: 6010 kg
Höchstgeschwindigkeit:
663 km/h in 5485 m
Steigleistung: 13,5 m/sec
Reichweite max.: 820 km
Dienstgipfelhöhe: 10729 m
Bewaffnung:
4 × Hispano Mk II - 20 mm
454 kg Bombenlast
ab 1943 auch Raketen

Rumänien

Rumänien kämpfte während des Zweiten Weltkriegs von 1941 bis 1944 auf der Seite des Deutschen Reichs. Mit der IAR 80 brachte Rumänien einen eigenen Jägertyp zu den Einheiten. Die meisten Einsatzmuster stammten jedoch aus deutscher Produktion. Eine besondere Aufgabe fiel den rumänischen Jagdfliegern mit dem Schutz der großen Ölfelder in Ploieşti zu.

Polen

Polen hatte es versäumt, seine Luftstreitkräfte beizeiten zu modernisieren. So konnten sich die polnischen Fliegerkräfte bei Kriegsausbruch am 1. September 1939 in Sachen Ausrüstung und Stärke in keiner Weise mit der deutschen Luftwaffe messen. Dass die polnischen Jagdflieger in ihren veralteten PZL 11 dennoch beachtliche Erfolge erzielen konnten, war nicht zuletzt ihrem enormen Einsatzwillen und Angriffsgeist zuzuschreiben. Viele polnische Piloten kämpften anschließend in der britischen RAF.

Niederlande

Auch die Niederlande unternahmen in den Jahren vor Kriegsausbruch Anstrengungen zur Aufrüstung ihrer Luftstreitkräfte. Dabei hatte man neben der inländischen Fliegertruppe auch die in der fernen Kolonie Niederländisch Ostindien zu versorgen. Beide Kräfte hatten den deutschen und japanischen Angreifern nur wenig entgegenzusetzen und waren bald schon zerschlagen.

Schwerer Jäger Fokker G.1. Nur wenige kamen zum Einsatz.

Der agile Jäger bewährte sich im Einsatz gegen die sowjetische und US-amerikanische Luftwaffe.

STARKER RUMÄNE

IAR 80 und 81

Mit der IAR 80 schuf der rumänische Flugzeugbauer IAR ein bemerkenswertes kleines Jagdflugzeug

Mit der IAR 80 schaffte es Ion Grosu, Chefkonstrukteur der Întreprinderea Aeronautica Romầna (IAR), endlich einen eigenen Jäger in der rumänischen Luftwaffe unterzubringen. Die IAR 80 war ein frei tragender Tiefdecker in Ganzmetallbauweise, der sich teilweise an der in Lizenz bei IAR gefertigten PZL.24 orientierte. Grosu übernahm von ihr die Triebwerksaufhängung und Heckpartie samt Hecksporn. Der im April 1939 erstmals geflogene Jäger überzeugte mit guten Flugeigenschaften. Wegen fehlender Maschinengewehre konnten die ersten IAR 80 erst Anfang 1941 geliefert werden. Die Versionen 80A und B unterschieden sich durch unterschiedliche Bewaffnungen. Die Sturzkampfbomber-Varianten IAR 81A, B und C konnten an Außenträgern bis zu 450 kg Bomben ins Ziel bringen. Die IAR 81 kamen jedoch 1943/44 meist als Jäger zum Einsatz. Angetrieben wurde die Mehrzahl der IAR 80/81 von einem Doppelsternmotor K.14-1000A mit einer 1025 PS.

Im Krieg gegen die Sowjetunion kämpften die rumänischen IAR-80/81-Einheiten von Basen in der Ukraine aus. Mitte 1943 verlegten die Verbände nach Rumänien zur Verteidigung der Ölfelder in Ploiești. Am 10. Juni 1944 griffen 36 P-38-Jagdbomber und 39 P-38-Jäger die Ölfelder an. Ein gemischter Verband aus IAR 81C und deutsche Bf 109 G schoss bei nur fünf eigenen Verlusten 23 der Angreifer ab. Dabei fielen acht P-38 den IAR 81 zum Opfer.

Mitte 1944 wurden die IAR-Jäger allerdings durch Bf 109 G ersetzt. Bis 1943 entstanden 171 IAR 80 und 176 IAR 81. 1949 wurden etliche IAR 80/81 zu Zweisitzern mit Doppelsteuerung (IAR 80DC) umgebaut und zur Schulung genutzt.

Eine IAR 80 wird gewartet und aufmunitioniert.

TECHNISCHE DATEN
IAR 80A
Einsatzzweck:
Einsitziger Jäger
Antrieb: IAR K.14-1000A
14-Zyl.-Doppelsternmotor
Startleistung: 1025 PS
Länge: 9,22 m
Spannweite: 9,09 m
Höhe: 3,82 m
Flügelfläche: 17,00 m²
Leergewicht: 2095 kg
Startgewicht max.: 2720 kg
Höchstgeschwindigkeit: 540 km/h
Reichweite max.: 1150 km
Dienstgipfelhöhe: 10.500 m
Bewaffnung:
6 x MG – 7,92 mm

Die PZL P.11 war extrem wendig und gehörte in den frühen 1930er-Jahren zu den leistungsfähigsten Jagdflugzeugene.

Wintertauglich: in Lizenz gefertigte IAR P.11f auf Kufen im Einsatz bei der rumänischen Luftwaffe

KNICKFLÜGEL-JÄGER

PZL P.7, P.11 und P.24

Die PZL-Typen 7, 11 und 24 erregen schon alleine aufgrund ihrer Knickflügel Aufmerksamkeit. Die polnischen Einsitzer fielen aber auch durch außergewöhnliche Flugleistungen auf

Von 1928 an arbeitete der junge Konstrukteur Zygmunt Puławski für die Państwowe Zakłady Lotnicze (PZL), die Staatlichen Luftfahrt-Werke. Mit der P.1 begann Puławski eine innovative Jagdflugzeug-Reihe. Deren erste Serienausführung, die P.7a mit 520-PS-Bristol Jupiter-VII-F-Motor, ging ab 1932 in Produktion und wurde zum neuen Standardjäger der Lotnictwo Wojskowe, der polnischen Luftwaffe. Bereits der Prototyp P.6 hatte mit seiner Leistungsfähigkeit weltweit Aufsehen erregt. Charakteristisch für Puławskis Schulterdecker-Konstruktionen waren die Ganzmetall-Bauweise und die verstrebten mövenartigen Knickflügel, die dem weit hinten sitzenden Flugzeugführer ausgezeichnete Sichtverhältnisse ermöglichten. Im August 1931 kam es zum Jungfernflug des Prototyps P.11/I, der erstklassige Flugeigenschaften offenbarte. Bereits im März 1931 war Puławski bei einem Flugzeugunglück ums Leben gekommen. Von ihm favorisierte Ausführungen mit V-Motoren wurden nicht weiter verfolgt und die P.11 in Serie gebaut und ab 1934 an die Truppe geliefert.

25 P.11a folgten 175 Stück der Variante P.11c mit überarbeitetem Rumpf und Tragwerk. Zudem konnte der Jäger mit zwei weiteren MG, eingebaut in die Flügel, sowie mit einem Funkgerät ausgerüstet werden. Der Motor Mercury V.S2 (später VI.S2) kam tiefer zum Einbau, was dem Piloten eine noch bessere Sicht bescherte. Die P.11b mit französischem Gnome-Rhône 9Krsd (50 Stück) war für den Export nach Rumänien bestimmt, wo 80 weitere als IAR P.11f in Lizenz entstanden. Die Variante P.11g mit 840 PS starkem PZL Mercury VIII wurde kurz vor Kriegsausbruch fertig und flog nur noch als Prototyp.

Bei Kriegsbeginn verfügten die polnischen Jagdeinheiten über etwa 30 einsatzbereite P.7a, 129 P.11 sowie etwa 50 unklare oder in Reserve gehaltene Jagdmaschinen. Trotz miserabler Organisation und technischer Unterlegenheit fügten sie den deutschen Angreifern beachtliche Verluste zu.

Bereits die PZL P.7 war komplett aus Metall gefertigt. Dem agilen Schulterdecker reichten 150 m Startstrecke.

PZL P.24f mit geschlossener Kabine, Dreiblattpropeller und Radverkleidungen im Dienst der bulgarischen Luftwaffe

Unter den 126 abgeschossenen Maschinen befanden sich auch etliche Messerschmitt Bf 109 und Bf 110.

Export-Jäger P.24

Basierend auf der P.11 konstruierte PZL 1932 die P.24 für den Export. Für die polnische Luftwaffe war der Tiefdecker P.50 vorgesehen, der nicht mehr in Produktion ging. Nach Beseitigung diverser Schwierigkeiten lief 1934 die Produktion der P.24 an. Äußerlich auffälligste Neuerung gegenüber der P.11c war die geschlossene Kabine. Es entstanden zahlreiche Varianten, die stärksten davon, die P.24f und g, waren mit einem 970 PS leistenden Doppelsternmotor Gnome-Rhône 14N07

P.11 mit den charakteristischen Knickflügeln im Dienst der polnischen Luftwaffe

ausgerüstet, der der Maschine zu einer Höchstgeschwindigkeit von 430 km/h verhalf. Die meisten anderen flogen mit dem 930 PS starken Gnome-Rhône 14 Kfs samt Dreiblattpropeller. Die Bewaffnung bestand aus vier MG oder zwei Maschinengewehren und zwei Maschinenkanonen. Geordert wurde die PZL P.24 von Rumänien (P.24e bzw. IAR P.24e), Bulgarien (P.24f), der Türkei (P.24c) und Griechenland (P.24f/g). Ein Teil der Jäger entstand als Lizenzbauten in den Ländern selbst. Die Griechen setzten ihre P.24 1941 gegen die Deutschen und Italiener ein, die Rumänen gegen die UdSSR. In Rumänien nutzte man Teile der P.24e für den Entwurf des Tiefdeckers IAR 80.

TECHNISCHE DATEN		
PZL	**P.11c**	**P.24f**
Einsatzzweck	Einsitziger Jäger	
Antrieb	Bristol Mercury VI.S2	Gnome-Rhône 14N07
	9-Zylinder-Sternmotor	14-Zyl.-Doppelsternmotor
Startleistung	630 PS	970 PS
Länge	7,55 m	7,81 m
Spannweite	10,72 m	10,68 m
Höhe	2,85 m	2,70 m
Flügelfläche	17,90 m²	17,90 m²
Leergewicht	1148 kg	1322 kg
Startgewicht	1800 kg	2000 kg
Höchstgeschwindigkeit	370 km/h in 5500 m	430 km/h in 5500 m
Steigleistung	14,5 m/sec	11,5 m/sec
Reichweite max.	550 km	700 km
Dienstgipfelhöhe	8000 m	10500 m
Bewaffnung	2 - 4 × MG – 7,7 mm	2 x MK – 20 mm
	4 x 12,25-kg-Bombe	2 × MG – 7,7 mm
		50 kg Bombenlast

Der erste Prototyp der D.XXI
mit Mercury-VI-Motor und
Zweiblatt-Luftschraube

ROBUST, GÜNSTIG UND ZUVERLÄSSIG

Fokker D.XXI

Fokkers D.XXI sollte ursprünglich in Niederländisch
Ostindien fliegen. Doch stellte der wendige Jäger hauptsächlich in Finnland gegen sowjetische Flieger seine Qualitäten
unter Beweis

Eine finnische D.XXI mit Twin-
Wasp-Motor, je zwei Browning-
MG in den Flächen sowie
individuellem Tarnanstrich. Das
Hakenkreuz hat nichts mit dem
des Nazi-Regimes zu tun. Im
März 1918 schenkte Graf Eric
von Rosen der gerade entste-
henden finnischen Luftwaffe ihr
erstes Flugzeug. Dessen Tragflä-
chen zierte Rosens persönliches
Zeichen, ein blaues Hakenkreuz.
Zu seinen Ehren übernahm man
das Swastika-Zeichen, ein
Glückssymbol, für die finnische
Luftwaffe.

M it festem, verkleideten Fahrgestell, unempfind-
lichem Sternmotor und guten Flugeigenschaften präsentierten die Fokker Flugzeugwerke
im März 1936 das Jagdflugzeug D.XXI. In Auftrag
gegeben wurde der Jäger von der niederländischen
Regierung speziell für den Einsatz in den Luftstreitkräften der Kolonie Niederländisch Ostindien. Höchstleistungen forderte man von der Maschine daher keine.
Eher sollte der Jäger robust, wartungsfreundlich, zuverlässig und günstig herzustellen sein. Trotzdem konnten
sich die Flugleistungen der D.XXI im Vergleich zur zeit-
gleichen Konkurrenz sehen lassen. Auch die Flugeigenschaften vermochten zu überzeugen. Die D.XXI flog stabil, ließ sich gut
Handhaben und war auffallend wendig. Hergestellt wurde die D.XXI in
Gemischtbauweise mit teils stoffbespanntem Metallrumpf und Tragflächen aus Holz. Der zunächst verbaute 645 PS starke britische Bristol
Mercury VI-S wich in der Serienausführung 1938 einem Mercury VIII
mit einer Startleistung von 830 PS und dreiblättriger Verstell-Luftschraube. Die Bewaffnung in der Serie bestand zunächst aus zwei
Maschinengewehren, Kaliber 7,92 Millimeter, eingebaut in den Flächen.
Die erste Bestellung lautete auf 36 Flugzeuge. Doch gelangte keine der
bestellten Maschinen nach Niederländisch Ostindien, da die Jäger mit
zunehmend politisch gespannter Lage dringender in den Niederlanden
gebraucht wurden. Beim Einfall der deutschen Truppen am 10. Mai 1940
verfügte die niederländische Luchtvaartbrigade über 28 einsatzbereite
Fokker D.XXI Serie 2. Im Kampf mit der deutschen Luftwaffe erzielten
die D.XXI-Piloten beachtliche Erfolge, wenngleich speziell die um etwa
100 km/h schnellere Messerschmitt Bf 109 E die D.XXI klar deklassierte.

Fokker D.XXI Serie 2 der niederländischen Luftwaffe 1938 auf
dem Flughafen Schiphol. Zum
Zeitpunkt des deutschen
Angriffs waren nur 28 D.XXI
einsatzbereit.

D.XXI Serie 3 der finnischen Luftstreitkräfte, wo sich der robuste
Jäger gut bewährte. Mit
Aufkommen stärkerer sowjeti-
scher Jagdflugzeuge wurden die
Fokker zunehmend als Aufklärer
eingesetzt.

Fünf Tage nach Beginn der Kampfhandlungen war die Luchtvaartbrigade
aufgerieben.

Finnische D.XXI

Zum hauptsächlichen Nutzer der D.XXI wurde Finnland, das 1937 sieben
Exemplare kaufte und zudem die Fertigungslizenz erwarb. Folglich
entstanden zwischen 1939 und 1944 93 D.XXI der Serien 3, 4 und 5. Fünf
dieser Maschinen (D.XXI 5) erhielten einen 920-PS-Bristol-Pegasus-X,
und 50 (D.XXI 4) nutzten einen 825 PS leistenden amerikanischen
Pratt & Whitney R-1535 Twin Wasp Junior anstelle des Mercury-Trieb-
werks. Die Jäger bekamen zudem einen veränderten Kabinenaufbau mit
erweiterter Verglasung zur besseren Sicht nach hinten. Die Waffenanlage
war durch den Einbau von vier Browning-MG, Kaliber 7,92 Millimeter,
in den Flügeln verstärkt.

Für den winterlichen Einsatz in Finnland konnte die D.XXI mit Skiern
anstelle der Räder ausgerüstet werden. Im Kampf gegen die sowjetischen
Luftstreitkräfte bewährte sich die D.XXI. Harte Gefechte mit den agilen
Jägern Polikarpow I-15, I-153 und I-16 zeugten von den Qualitäten der
Fokker. Das Jagdfliegerass Jorma Sarvanto erzielte 12 5/6 in D.XXI.

Dänemark kaufte zwei Exemplare der D.XXI und fertigte zehn mit
Mercury-VI-S-Motoren und verstärkter Bewaffnung in Lizenz.

TECHNISCHE DATEN	
Fokker D.XXI-3	
Einsatzzweck:	
Einsitziger Jäger	
Antrieb: Bristol Mercury VIII	
9-Zylinder-Sternmotor	
Startleistung: 830 PS	
Länge: 8,20 m	
Spannweite: 11,00 m	
Höhe: 1,95 m	
Flügelfläche: 16,20 m²	
Leergewicht: 1450 kg	
Startgewicht max.: 2050 kg	
Höchstgeschwindigkeit:	
460 km/h in 5100 m	
Marschgeschwindigkeit:	
370 km/h	
Steigleistung:	
5000 m in 6,33 min	
Reichweite max.: 950 km	
Dienstgipfelhöhe: 11.350 m	
Bewaffnung: 4 x MG – 7,9 mm	

Lediglich 20 Exemplare entstanden von der Koolhoven F.K.58, hier der zweite Prototyp mit Hispano-Suiza 14Aa. Das Kürzel F.K. stand für Frederick „Frits" Koolhoven.

Die meisten für Frankreich gebauten F.K.58 wurden von einem Gnome-Rhône 14N angetrieben und mit französischen Instrumenten und britischen Maschinengewehren bestückt.

RARE NIEDERLÄNDERIN

Koolhoven F.K.58

Neben Fokkers D.XXI brachte es mit der weniger bekannten Koolhoven F.K.58 ein weiterer niederländischer Jagdeinsitzer zur Einsatzreife

TECHNISCHE DATEN

Koolhoven F.K.58A (F.K.58)	
Einsatzzweck:	
Einsitziger Jäger	
Antrieb:	
Gnome-Rhône 14N-16 (Hispano-Suiza 14Aa)	
14-Zylinder-Doppelsternmotor	
Startleistung: 1030 (1080) PS	
Länge: 8,70 m	
Spannweite: 11,02 m	
Höhe: 2,99 m	
Flügelfläche: 17,30 m²	
Leergewicht: 1920 (1800) kg	
Startgewicht max.: 2750 kg	
Höchstgeschwindigkeit: 480 (504) km/h	
Anfangssteigleistung: 11,6 m/sec	
Reichweite max.: 750 km	
Dienstgipfelhöhe: 10.000 (10.400) m	
Bewaffnung: 4 x MG – 7,9 mm bis zu 150 kg Bombenlast	

N ach einer Bauzeit von nur acht Wochen startete am 17. Juli 1938 der erste Prototyp der F.K.58 zum Jungfernflug. Die Jagdflugzeug-Konstruktion der Vliegtuigenfabriek Koolhoven war auf eine Anforderung der französischen Luftwaffe hin entstanden, die sich mit einem zusätzlichen Flugzeugmuster und -bauer absichern wollte. Vorgesehen war der leichte Jäger für den Einsatz in Französisch-Indochina. Angetrieben wurde die überwiegend aus Metall und Holz gefertigte F.K.58 zunächst von einem 1080 PS leistenden Hispano-Suiza 14Aa. Frankreich orderte 50 Maschinen, die jedoch einen etwas schwächeren Gnome-Rhône 14N erhalten sollten und als F.K.58A bezeichnet wurden. Den Leistungsvergleich mit den französischen Typen M.S.406 und MB.152 sowie der ebenfalls von Frankreich bestellten amerikanischen Hawk 75 brauchte die F.K.58 nicht zu scheuen. Die Bewaffnung der F.K.58 bestand aus vier MG, die in zwei Waffengondeln unter den Flächen montiert waren.

1938 interessierte sich auch die niederländische Luftwaffe, die Koninklijke Luchtmacht, für Koolhovens Jäger und bestellte 36 F.K.58 mit britischem Bristol Taurus III, beziehungsweise nach Kriegsbeginn amerikanischem Mercury VIII.

Letztlich entstanden nur zwei Versuchsflugzeuge und eine für die Niederlande bestimmte F.K.58 sowie 17 für die französische Armée de l'air. Die meisten davon erhielten Gnome-Rhône-Motoren. Im Bau befindliche F.K.58 wurden im Zuge des deutschen Angriffs zerstört.

Bei den Piloten, polnischen Exil-Jagdfliegern, war der Jäger nicht sonderlich beliebt. Sie flogen mit 13 F.K.58 im Mai/Juni 1940 Patrouilleneinsätze, Kampfhandlungen sind nicht bekannt.

Das Entwicklungspotenzial der G.I war lange nicht ausgeschöpft. Der Kriegsbeginn verhinderte weitere Arbeiten an der Zweimot.

POTENTE ZWEIMOT

Fokker G.I

Fokkers ansprechende Doppelrumpf-Konstruktion hatte nur wenig Gelegenheit, ihre Qualitäten unter Beweis zu stellen

Am 16. März 1937 hob Fokkers Doppelrumpf-Jagdflugzeug G.I erstmals ab. Während der Erprobungszeit überzeugte die G.I nicht nur in fliegerischer Hinsicht, auch das Leistungsblatt wies gute Werte aus. Die zwei- bis dreiköpfige Besatzung fand in einer Rumpfgondel zwischen den Motor- und Leitwerksträgern Platz. Das verglaste Kabinenheck bot dem Abwehrschützen ein gutes Sicht- und Schussfeld. Die Starrbewaffnung kam im Bug unter und bestand je nach Version aus acht (G.Ia) oder vier (G.Ib) Maschinengewehren.

Beim Antrieb der G.Ia griff man auf zwei britische Sternmotoren des Typs Bristol Mercury VIII mit je 830 PS zurück. Die Exportserie G.Ib erhielt dagegen zwei Pratt & Whitney SB4-G Twin Wasp Jr., die jeweils nur 760 PS an die Dreiblatt-Verstellpropeller abgaben. Die Flugleistungen lagen daher etwas unter denen der G.Ia.

Etliche Länder zeigten reges Interesse an Fokkers G.I: Schweden, Finnland, Estland, Ungarn und Dänemark, wobei die beiden letzten Staaten die G.I in Lizenz fertigen wollten. Die Lieferung an das republikanische Spanien verhinderte ein Waffenembargo. Tatsächlich gebaut wurden mindestens 62 Maschinen.

Zu Kriegsbeginn am 10. Mai 1940 verfügte die niederländische Luftwaffe lediglich über 23 G.Ia. Während der Kampfhandlungen gelangen G.I-Besatzungen etliche Luftsiege, doch schrumpfte die Zahl der einsatzklaren G.I drastisch. Bereits fertiggestellte für den Export vorgesehene Maschinen wurden von deutschen Schuleinheiten übernommen.

Konstruktionsdetails einer Fokker G.I mit Stahlrohrkomponenten

TECHNISCHE DATEN
Fokker G.Ia
Einsatzzweck:
Schwerer Jäger
Besatzung: 2 - 3
Antrieb:
2 × Bristol Mercury VIII
9-Zylinder-Sternmotor
Startleistung: 2 x 840 PS
Länge: 10,89 m
Spannweite: 17,16 m
Höhe: 3,80 m
Flügelfläche: 38,30 m²
Leergewicht: 3360 kg
Startgewicht max.: 4800 kg
Höchstgeschwindigkeit:
475 km/h in 2750 m
Steigleistung: 13,5 m/sec
Reichweite max.: 1400 km
Dienstgipfelhöhe: 10.000 m
Bewaffnung: 8 × MG – 7,9 mm
1 x MG beweglich – 7,9 mm
300 kg Bombenlast

Italien

Die Königliche Luftwaffe, die Regia Aeronautica, existierte von 1923 bis 1943 als eigenständige Kampfeinheit der italienischen Streitkräfte.

Mit großem Erfolg flogen italienische Piloten, darunter auch die Jagdflieger in ihren ausgezeichneten Fiat C.R.32, im Spanischen Bürgerkrieg.

Während des Zweiten Weltkrieges kämpften die italienischen Piloten oft Seite an Seite mit den Fliegern der deutschen Luftwaffe. Trotz gerade in der ersten Zeit oft unterlegenen Einsatzflugzeugen, errangen italienische Jagdflieger mitunter respektable Erfolge.

Obwohl später auch leistungsstärkere Typen, insbesondere der Macchi C.202, zur Truppe kamen, konnten die Jagdflieger der Regia Aeronautica schon aufgrund ihres geringen Flugzeugbestandes keine bleibend tragende Rolle spielen.

Nach der italienischen Kapitulation im September 1943 teilten sich die Luftstreitkräfte Italiens in die aufseiten der Alliierten kämpfenden Aeronautica Cobelligerante Italiana und der Aeronautica Nazionale Repubblicana im Norden, die weiterhin zusammen mit der Luftwaffe flog.

Eine Macchi C.202 der Regia Aeronautica, die US-amerikanischen Truppen in die Hände fiel

Zwar ließ sich die Fiat C.R.42 ausgezeichnet fliegen, doch befand sich der letzte italienische Jagddoppeldecker schon bei Indienststellung 1939 leistungsmäßig in dritter Reihe.

ITALIENISCHES JÄGERKONZEPT

Fiat C.R.32 und C.R.42 Falco

Besonders die C.R.42 kam während des Zweiten Weltkrieges zunächst in großem Umfang zum Einsatz. Viele Piloten schworen auf die agile Jagdmaschine

Fiat C.R.32 über Spanien während des Bürgerkriegs, wo sich der italienische Jäger bestens bewähre. Auch im Zweiten Weltkrieg fanden C.R.32 noch Verwendung, ab 1942 jedoch nur noch zu Nachteinsätzen.

Mit überragenden Flugeigenschaften, insbesondere extremer Manövrierfähigkeit, machte ab Mitte der 1930er-Jahre die Fiat C.R.32 auf Flugschauen von sich reden. Angetrieben von einem 600 PS starken V-12-Motor, zeigte der 375 km/h schnelle Flugkünstler aber auch seine Jägerqualitäten. Diese bewiesen seine Piloten im intensiven Einsatz aufseiten der Nationalisten im Spanischen Bürgerkrieg. Basierend auf der C.R.32 machte sich Konstrukteur Celestino Rosatelli daran, ein Folgemuster zu entwickeln. Unter verschiedenen Mustern schaffte es die C.R.42 Falco (Falke) schließlich in die Serienproduktion. Sie war am 23. Mai 1938 erstmals geflogen und mit einem Fiat-A-74-RC-38 mit 840 PS, einem Lizenzbau des Pratt & Whitney R-1535, ausgerüstet. Wenngleich etwas langsamer als der Eindecker G.50 und als Doppeldecker konstruktiv veraltet, schwor so mancher in der italienischen Luftwaffenführung auf das bis dahin bewährte Konzept des agilen Jägers. So sahen es auch viele Piloten der Regia Aeronautica. Nicht wenige Jagdflieger zogen die C.R.42 den moderneren G.50 und M.C.200 vor. Der Leistungsvorsprung alliierter und deutscher Typen war 1940 jedoch auffällig und ließ sich letztlich auch mit den brillanten Flugeigenschaften der C.R.42 und dem Einsatzwillen ihrer Piloten nicht ausgleichen. Erfolge erzielten C.R.42 an der Ostfront oder etwa gegen Maschinen wie die britische Gloster Gladiator. Aber auch Hurricane- oder Piloten vergleichbarer Muster mussten sich vor der C.R.42 in Acht nehmen. Mit zwei 50- oder 100-kg-Bomben ließ sich die Version C.R.42AS als Jagdbomber einsetzen. Neben Italien nutzten Belgien, Schweden und Ungarn C.R.42. Insgesamt wurden 1212 C.R.32 und 1782 C.R.42 gebaut.

TECHNISCHE DATEN

Fiat C.R.42

Einsatzzweck:
Einsitziger Jäger
Antrieb: Fiat A.74 RC.38
14-Zyl.-Doppelsternmotor
Startleistung: 840 PS
Länge: 8,26 m
Spannweite: 9,70 m
Höhe: 3,57 m
Flügelfläche: 22,40 m²
Leergewicht: 1720 kg
Startgewicht max.: 2295 kg
Höchstgeschwindigkeit:
440 km/h
Steigleistung:
5000 m in 7,3 min
Reichweite max.: 775 km
Dienstgipfelhöhe: 10.200 m
Bewaffnung:
2 x MG – 12,7 mm
teilweise 4 x MG – 12,7 mm
200 kg Bombenlast

Fiat G.50bis 1940 auf einer Insel in der Ägäis. Insbesondere bei Start und Landung forderte die G.50 die volle Aufmerksamkeit ihres Piloten.

Fiat G.50 Freccia

Die überaus wendige Fiat G.50 läutete in den Jagdverbänden der Regia Aeronautica ein neues Zeitalter ein: Der Typ war der erste mit Einziehfahrwerk ausgestattete italienische Jäger

Eine G.50 der ersten Serie mit geschlossener Kabinenhaube im Einsatz für die Nationalisten während des Spanischen Bürgerkrieges 1939

Fiat brachte mit der G.50 Freccia (Pfeil) den ersten einsitzigen Jagdeindecker mit Einziehfahrwerk in die italienische Luftwaffe, die Regia Aeronautica. Die Arbeiten an der Ganzmetall-Konstruktion begannen Mitte 1935, zum Erstflug hob der frei tragende Tiefdecker am 26. Februar 1937 ab.

Zusammen mit der etwa zeitgleich entwickelten Fiat C.R.42 löste die G.50 ab Anfang 1938 nach und nach den Jagddoppeldecker Fiat C.R.32 ab.

Die geschlossene Kabinenhaube der ersten 45 G.50 wurde wegen technischer Schwierigkeiten im weiteren Serienbau durch eine offene Variante ersetzt. Mit erhöhtem Treibstoffvorrat für eine Reichweite von bis zu 1000 Kilometern ging die im September 1940 erstmals geflogene G.50bis in Serie. Die nötige Schubleistung lieferte ein 14-Zylinder-Doppelsternmotor Fiat A.74 RC.38 samt Dreiblattpropeller aus Metall. Das Aggregat galt als überaus zuverlässig und war auch in der C.R.42 installiert. Die Starr-

Von den 35 G.50 der finnischen Luftwaffe gingen in Luftkämpfen nur drei verloren. Bei 99 bestätigten Luftsiegen brachten es die nordischen Jagdflieger auf eine Abschussquote von 33 zu 1.

Fiat G.50bis der 56 St/20 Gr. C.T. C.A.I während der Battle of Britain in Belgien im Herbst 1940

bewaffnung der G.50 bestand aus lediglich zwei oberhalb des Motors installierten Maschinengewehren Breda-SAFAT, Kaliber 12,7 Millimeter.

Schwerer Stand

G.50 der Regia Aeronautica befanden sich während des gesamten Krieges im Einsatz. Ihre Piloten kämpften in der Battle of Britain, auf dem Balkan, über Nordafrika und Italien mit wechselhaften Erfolgen. Im Vergleich zu leistungsfähigeren alliierten und deutschen Typen konnte die Italienerin nicht mithalten. Zwar glänzte die G.50 in niedrigen bis mittleren Geschwindigkeitsbereichen mit ausgezeichneter Wendigkeit. Doch nahm diese mit zunehmender Fahrt drastisch ab, und die Steuerdrücke wuchsen extrem an. Start und Landung gestalteten sich ebenfalls schwierig. Außerdem stellte sich die Bewaffnung der G.50 als unzureichend heraus. So zeigte sich die G.50 der britischen Hurricane und amerikanischen P-40 als klar unterlegen. War die Gegenseite hingegen mit in etwa gleich leistungsstarken Typen ausgerüstet, konnten mit der G.50 teils große Erfolge erzielt werden. Dies hatte sich schon 1939 während des spanischen Bürgerkrieges beim Einsatz von elf G.50 gezeigt. Bei der finnischen Luftwaffe, die Ende 1939 35 G.50 erhielt, konnte sich der italienische Jäger gegen sowjetische Flieger ebenfalls behaupten. Die Abschussrate von 33 zu 1 spricht hier eine deutliche Sprache. Von Oktober 1941 an flogen G.50 auch in den Luftstreitkräften Kroatiens, wo sie oft gegen Partisanen eingesetzt wurden. Bestrebungen, die G.50 weiterzuentwickeln, mündeten im Einbau eines 1000 PS starken A.76, doch wurde nur ein Exemplar der G.50ter gebaut. Genau wie von der G.50V mit deutschem Daimler-Benz-V-12-Motor DB 601. Es schien sinnvoller, sich auf das Nachfolgemodell G.55 mit DB 605 zu konzentrieren. 791 G.50 unterschiedlicher Versionen, darunter 100 zweisitzige Schulmaschinen G.50b, wurden gebaut.

TECHNISCHE DATEN
Fiat G.50
Einsatzzweck:
Einsitziger Jäger
Antrieb: Fiat A.74 RC.38
14-Zylinder-Doppelstern-motor
Startleistung: 840 PS
Länge: 7,79 m
Spannweite: 10,96 m
Höhe: 2,96 m
Flügelfläche: 18,15 m²
Leergewicht: 1975 kg
Startgewicht max.: 2415 kg
Höchstgeschwindigkeit:
472 km/h
Reichweite max.: 670 km
Dienstgipfelhöhe: 10.700 m
Bewaffnung:
2 x MG – 12,7 mm
(bisA: 300 kg Bombenlast)

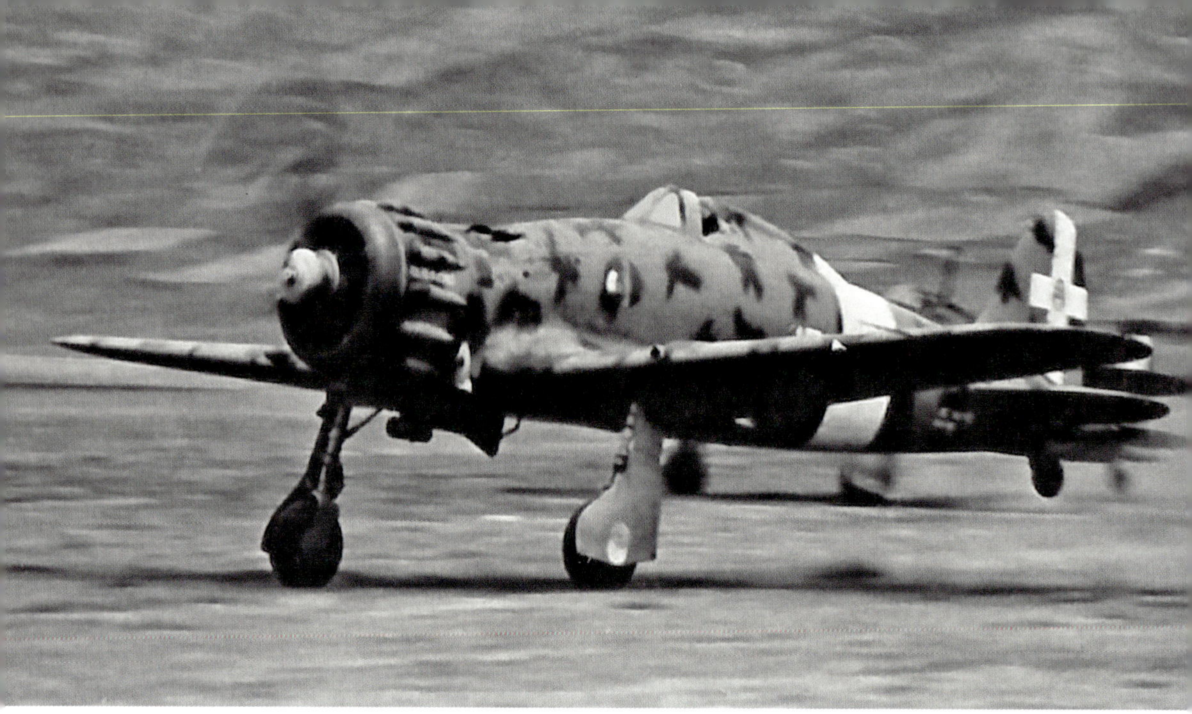

Start zweier C.200. Mit dem Jäger wurden mehr Einsätze geflogen als mit jedem anderen Flugzeug der italienischen Luftwaffe.

UNTERMOTORISIERT, ABER ZUVERLÄSSIG

Macchi C.200 Saetta

Mit der C.200 erhielt die Regia Aeronautica ein fliegerisch ausgezeichnetes Jagdflugzeug. Obwohl bereits zu Kriegsbeginn veraltet, schätzten ihre Piloten den robusten Jäger

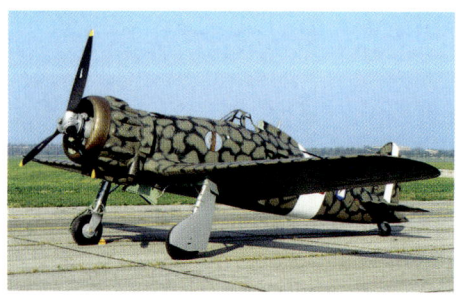

Die erhalten gebliebene Macchi C.200 des National Museum of the United States Air Force in Ohio mit einer teilweise geschlossenen Version der Kabinenhaube
Foto: US Air Force

Am 24. Dezember 1937 flog erstmals die von Macchi-Chefkonstrukteur Mario Castoldi entworfene C.200 Saetta (Blitz). Castoldi war bekannt für seine Rennflugzeug-Konstruktionen, sodass daraus gewonnene Erfahrungen auch in die Auslegung der C.200 einflossen. Der frei tragende, in Schalenbauweise überwiegend aus Metall gefertigte, Tiefdecker war aerodynamisch sauber geformt und mit zu dieser Zeit obligatem Einziehfahrwerk ausgestattet. Doch litt die C.200 bereits zu Beginn ihrer Einsatzzeit 1939 bei der Regia Aeronautica an ihrem zu schwachen Antrieb. Der 14-Zylinder-Doppelsternmotor Fiat A.74 RC.38 mit einer Startleistung von 840 PS und dreiblättriger Verstell-Luftschraube trieb auch die in der Erprobung fliegende Fiat G.50 an und galt als zuverlässig. Ein anderer Motor stand in Italien nicht zur Verfügung. Bei Kriegsbeginn im Juni 1940 blieb die C.200 daher leistungsmäßig hinter den modernsten alliierten und deutschen Jagdmaschinen zurück.

Ausgezeichnet zu fliegen

Dass die Saetta dennoch bei den italienischen Piloten beliebt war, lag an ihren guten Flugeigenschaften. Zudem zeigte die Macchi Nehmerqualitäten und Standhaftigkeit. Im Vergleich zum Konkurrenzmuster Fiat G.50 war die Macchi C.200 weniger wendig, dafür aber schneller und bei hohen

Die 12,7-mm-MG einer am Heck aufgebockten C.200 im Mittelmeerraum werden auf-munitioniert.

Macchi C.200 an der Ostfront. Robust und flugstabil eignete sich die Seatta besonders gut zum Jagdbomber.

Geschwindigkeiten stabil und gut zu beherrschen. Die zunächst geschlossene Kanzel wurde bald schon durch mehr oder weniger offene Ausführungen ersetzt, da diese von den meisten Piloten bevorzugt wurden.

Schwachpunkte der C.200 waren ihre schlechte Höhenleistung und die lediglich zwei oberhalb des Motors installierten Maschinengewehre Breda-SAFAT, Kaliber 12,7 Millimeter. Die Bewaffnung stellte sich als zu schwach heraus, weshalb spätere C.200 teilweise zusätzlich mit zwei 7,7-mm-MG ausgerüstet wurden. Die mit verstärkter Zelle gebaute Version C.200CB konnte mit einer Abwurflast von bis zu 320 Kilogramm zu Jagdbombereinsätzen genutzt werden oder zwei abwerfbare Zusatztanks mitführen.

Eingesetzt wurden C.200 vorwiegend über Jugoslawien, Griechenland, dem Mittelmeerraum, Nordafrika sowie an der Ostfront. Von einem versierten Piloten geflogen, war die Seatta selbst für alliierte Flieger in leistungsmäßig überlegenen Maschinen ein ernst zu nehmender Gegner. Der Kapitulation Italiens im September 1943 folgte die Übernahme von 23 C.200 in die Aeronautica Cobelligerante Italiana aufseiten der Alliierten.

Insgesamt wurden 1153 C.200 gefertigt. Was die C.200-Konstruktion mit einem 1000-PS-A.76-Motor zu leisten vermochte, zeigte der Prototyp C.201. Doch bevorzugte man den Einbau eines leistungsstarken Reihenmotors, was zum Folgemuster C.202 führte.

TECHNISCHE DATEN

Macchi C.200

Einsatzzweck:
Einsitziger Jäger

Antrieb: Fiat A.74 RC.38 14-Zylinder-Doppelstern-motor

Startleistung: 840 PS

Länge: 8,19 m

Spannweite: 10,58 m

Höhe: 3,50 m

Flügelfläche: 16,80 m²

Leergewicht: 1895 kg

Startgewicht max.: 2590 kg

Höchstgeschwindigkeit: 502 km/h

Marschgeschwindigkeit: 455 km/h

Anfangssteigleistung: 15,3 m/sec

Reichweite max.: 870 km

Dienstgipfelhöhe: 8900 m

Bewaffnung:
2 x MG – 12,7 mm
teilweise 2 x MG – 7,7 mm
(CB: 320 kg Bombenlast)

Die Macchi C.202 galt als das beste in größerer Stückzahl produzierte italienische Jagdflugzeug des Zweiten Weltkrieges.

Macchi C.202 Folgore

Mit der Macchi C.202 schickte Chefentwickler Mario Castoldi seinen Jägerentwurf C.200 erstmals mit schlankem V-12-Motor an die Front – mit Erfolg

Blick in die Kabine einer M.C.202 – oberhalb des Instrumentenbretts ist das Reflexvisier zu sehen.

Zwar hatte die Regia Aeronautica seit 1939 mit der Macchi C.200 ein brauchbares Jagdflugzeug in ihren Reihen, doch blieb der Tiefdecker mangels stärkeren Antriebs unter seinen Möglichkeiten. Italien hatte es versäumt, in den 1930er Jahren leistungsstarke Flugzeugmotoren zu entwickeln. Abhilfe kam 1940 in Form des deutschen Daimler-Benz DB 601 Aa, ein flüssigkeitsgekühler V-12-Zylindermotor mit 35 Liter Hubraum und einer Startleistung von bis zu 1175 PS. Der Doppelsternmotor der C.200 brachte im Vergleich dazu nur 840 PS und hatte zudem eine wesentlich größere Stirnfläche. So entstand durch Umbau einer C.200 (auch M.C.200 genannt) auf den DB 601 das Folgemuster C.202, dessen Prototyp im August 1940 erstmals abhob. Die Flugleistungen der mit geschlossener Kabine ausgestatteten C.202 Folgore (Blitzschlag) stiegen beträchtlich, und die Jagdmaschine entsprach nun weitestgehend dem, was Chefentwickler Mario Castoldi sich von Anfang an vorgestellt hatte. Da der Bedarf an Jagdflugzeugen mit dem Ausstoß an C.202 nicht gedeckt werden konnte, blieb die.M.C.200 in Produktion. Der DB 601 Aa wurde von Alfa Romeo als RA.1000 R.C.41-I in Lizenz gebaut.

Ausgezeichneter Jäger

Die ersten Macchi C.202 kamen im Sommer 1941 bei der 1° Stormo in Udine zum Einsatz und bewährten sich leistungsmäßig ausgezeichnet. Doch kränkelte die C.202 an vielem, wie etwa der unzuverlässigen Funkausrüstung. Die Bewaffnung mit zwei 12-mm-Breda-SAFAT-Maschinengewehren reichte nicht aus. Besonders gegen alliierte Bomber zeigten die MG zu wenig Wirkung. Außerdem froren die Waffen gerne ein. Mit der Serie VII kamen zusätzlich zwei 7.7-mm-Breda-MG mit je 500 Schuss in den Flächen zum Einbau.

Macchi C.202 kamen auf Malta, im Mittelmeerraum einschließlich Nordafrika sowie an der Ostfront und in Italien (im Bild) zum Einsatz.

M.C.202 der 54° Stormo mit den Verhältnissen angepasstem Tarnanstrich in Tunesien 1943. Die Folgore gehört zu den bis heute unterschätzten Jagdflugzeugen.

TECHNISCHE DATEN
Macchi C.202CB
Einsatzzweck:
Einsitziger Jäger
Antrieb: Alfa Romeo RA.1000
R.C.41-I Monsone
V-12-Zylindermotor
Startleistung: 1175 PS
Länge: 8,85 m
Spannweite: 10,58 m
Höhe: 3,50 m
Flügelfläche: 16,80 m²
Leergewicht: 2491 kg
Startgewicht max.: 2930 kg
Höchstgeschwindigkeit:
600 km/h in 5600 m
Anfangssteigleistung:
18,1 m/sec
Reichweite max.: 765 km
Dienstgipfelhöhe: 11.500 m
Bewaffnung:
2 x MG – 12,7 mm
2 x MG – 7,7 mm
320 kg Bombenlast

Die C.202 wurde im Laufe der Produktion ständig optimiert und für unterschiedliche Aufgaben gerüstet. So erhielt die C.202AS eine Tropenausstattung mit Sandfiltern, während die C.200CB über zwei Träger unter den Flächen verfügte. An diese konnten maximal zwei Bomben zu je 160 Kilogramm oder auch zwei abwerfbare jeweils 100 Liter fassende Zusatztanks gehängt werden. Die C.202RF kam als Aufklärer. Mit 20-mm-Kanonen unter den Flächen flog die Version C.202DE.

Manch alliierter Jagdflieger äußerte sich voll des Lobes über die C.202. Im Vergleich zu den ebenfalls mit DB 601 Aa fliegenden Messerschmitt Bf 109 E-4/7 und F-2 schnitt die Folgore fliegerisch besser ab und war weitaus wendiger. Die Bf 109 E war jedoch stärker bewaffnet. Gerade in klassischen Kurvenkämpfen konnte die Italienerin zeigen, was in ihr steckt. und es gab kaum eine moderne alliierte Jagdmaschine, die es in dieser Hinsicht mit der C.202 aufnehmen konnte. Auch eine der Hauptkontrahentinnen der Jahre 1941/42, die britische Spitfire Mk V, fand in der agilen Italienerin einen sehr ernst zu nehmenden Gegner.

Zahlreiche MC.202 gingen nach der italienischen Kapitulation im September 1943 an die Aeronautica Cobelligerante Italiana auf Seiten der Alliierten, der größte Teil flog weiter auf der deutschen Seite.

Gut 1100 C.202 verließen die Werkshallen, die meisten davon, 649 Stück, von Breda.

Re.2001 mit Alfa-Romeo-V-12-Motor, hier der zweite Prototyp noch ohne Flügelbewaffnung. Die Flugeigenschaften des wendigen Jägers konnten überzeugen, doch verlangte er einen versierten Piloten.

Reggiane Re.2000 der italienischen Marine.
Die strukturell verstärkten Maschinen wurden per Katapult in die Luft gebracht.

RARITÄTEN AN DER JÄGERFRONT

Reggiane Re.2000, 2001 und 2002

Reggiane bemühte sich mit den Falco-Jagdflugzeugen und der Ariente im Jägergeschäft mitzumischen – ein schwieriges Unterfangen

Unter den Flugzeugbaufirmen, die sich an der Ausschreibung für ein neues Jagdflugzeug von 1935 beteiligten, befand sich auch Officine Meccaniche Reggiane. Unter Leitung der Ingenieure Roberto Longhi und Antonio Alessio entstand ein frei tragender Tiefdecker mit Doppelsternmotor. Dieser war augenscheinlich stark beeinflusst von amerikanischen Konstruktionen seiner Zeit, da Longhi eine zweijährige Studienzeit in den USA verbracht hatte. Die am 24. Mai 1939 erstmals geflogene Re.2000 Falco (Falke) ähnelte äußerlich stark der P-35 von Seversky und war Reggianes erstes in moderner Ganzmetallbauweise gefertigtes Flugzeug. Die Bewaffnung bestand aus den für italienische Jagdmaschinen üblichen, oberhalb des Motors montierten beiden Maschinengewehren Breda-SAFAT, Kaliber 12,7 Millimeter. In Sachen Flugleistungen zeigte die Re.2000 gute Leistungen, wenngleich der sperrige 1000-PS-Doppelsternmotor Piaggio P.XI RC.40 die Höchstgeschwindigkeit einschränkte. In Vergleichsflügen mit den einheimischen Kontrahenten Macchi C.200 und Fiat G.50 stellte Reggianes Falke seine Qualitäten unter Beweis. Nicht wenige Beobachter hielten die Re.2000 für die beste Wahl. Das Rennen um den neuen Jäger für die Regia Aeronautica, die italienische Luftwaffe, machten die C.200 und G.50. Selbst die veraltete C.R.42 wurde in Serie gebaut. Reggiane blieb der Exportmarkt. Interesse an der Re.2000 bekundete Großbritannien, das Ende 1939 300 Stück bestellte. Die Sache erledigte sich jedoch mit dem Kriegseintritt Italiens im Juni 1940. Gebaut wurden 60 Re.2000 für Schweden und 70 für Ungarn. Der praktische Einsatz der Jäger war jedoch von Motorproblemen und mitunter schwierigen Flugeigenschaften überschattet. Bei der Regia Aeronautica kamen nur sehr wenige Re.2000 zum Einsatz. Die Regia Marina, die italienische Marine, übernahm etliche für den

Reggiane Re.2001 der 375a Squadriglia, 160° Gruppo Caccia Territoriale Autonomo, die im Sommer 1943 von Sardinien aus operierte

Katapultstart verstärkte Re.2000 und setzte sie von Schiffen aus ein. Das Schlachtschiff Roma hatte zwei dieser Jäger an Bord. Nach nur 158 Exemplaren endete die Re.2000-Produktion.

Re.2001 Falco II und Re.2002 Ariente

Im Juli 1940 startete erstmals die Re.2001 Falco II, eine Version der Re.2000 mit bis zu 1175 PS leistendem Alfa Romeo RA.1000, einer Lizenzfertigung des deutschen Daimler-Benz DB 601 Aa. Die Bewaffnung war nun um zwei 7,7-mm-MG in den Flächen verstärkt. Die lediglich 100 Kilogramm Abwurflast der Re.2000 für Jagdbombereinsätze schraubte man bei der Version Re.2001CB auf bis zu 640 Kilogramm hoch. Wahlweise ließen sich zwei abwerfbare 100-Liter-Zusatztanks mitführen.

Der Ausstoß an V-12-Motoren, den auch die C.202 benötigte, ließ jedoch sehr zu wünschen übrig. Mit ein Grund für Reggiane, bei der Version Re.2002 Ariete (Widder) noch 1940 zum luftgekühlten Sternmotor zurückzukehren. Wegen des größeren Luftwiderstands und Fluggewichts stiegen die Flugleistungen nur wenig. Erste Re.2000 wurden im März 1942 ausgeliefert.

Re.2002 mit sauber verkleidetem Piaggio-14-Zylinder-Doppelsternmotor. Das erste Versuchsflugzeug startete im Oktober 1940 zum Jungfernflug.

TECHNISCHE DATEN			
Reggiane	**Re.2000**	**Re.2001**	**Re.2002**
Einsatzzweck	Einsitziger Jäger		
Antrieb	Piaggio P.XI RC.40 14-Zyl.-Doppelsternmotor	Alfa Romeo RA.1000 R.C.41-I Monsone V-12-Zylindermotor	Piaggio P.XI X RC.45 14-Zyl.-Doppelsternmotor
Startleistung (max.)	1000 PS	1175 PS	1165 PS
Länge	7,99 m	8,63 m	8,16 m
Spannweite	11,00 m	11,00 m	11,00 m
Höhe	3,20 m	3,15 m	3,15 m
Flügelfläche	20,40 m²	20,40 m²	20,40 m²
Leergewicht	2080 kg	2460 kg	2390 kg
Startgewicht max.	2839 kg	3240 kg	3890 kg
Höchstgeschwindigkeit	530 km/h in 5300 m	545 km/h in 5470 m	530 km/h in 5500 m
Steigleistung	6000 m in 6,15 min	7000 m in 8 min	-
Reichweite max.	740 km	1100 km	1100 km
Dienstgipfelhöhe	10.200 m	11.000 m	10.500 m
Bewaffnung	2 x MG – 12,7 mm	2 x MG – 7,7 mm 2 x MG – 12,7 mm	2 x MG – 7,7 mm 2 x MG – 12,7 mm
Bombenlast	100 kg	CB: 640 kg	650 kg

UdSSR

Von 1936 bis 1939 sammelten die sowjetischen Luftstreitkräfte praktische Einsatzerfahrungen während des Spanischen Bürgerkrieges. 1939 begann die Auffrischung der sowjetischen Luftwaffe samt Schaffung neuer Konstruktionsbüros und Produktionsstätten.

Überrascht vom deutschen Angriff am 22. Juni 1941, mussten die sowjetischen Flieger meist noch mit veralteten Flugzeugen gegen die modern ausgestattete deutsche Luftwaffe antreten. Gut die Hälfte der sowjetischen Maschinen waren Jagdflugzeuge der veralteten Typen I-16 sowie der I-15-Reihe. Es dauerte bis in das Jahr 1942 hinein, ehe eine ausreichende Zahl an modernen Jägern MiG-1, LaGG-1 und Jak-1 einsatztauglich zur Verfügung stand. Die Sowjetunion erholte sich langsam vom Erstschlag der Deutschen und setzte kontinuierlich den Ausbau ihrer Waffenindustrie fort. Die sowjetische Luftwaffe wuchs 1942 mehr und mehr zum starken Gegner der deutschen Luftwaffe

Jäger des Typs Polikarpow I-16, der zu Beginn des Zweiten Weltkrieges noch in großer Zahl im Einsatz stand

I-153 Tschaika (Möwe)
mit Einziehfahrwerk und den charakteristischen
Knicken im oberen Flügelpaar, die auch die I-15 aufwies

AGILE LANDJÄGER

Polikarpow I-15 und I-153 Tschaika

Zu den Jägern, die 1941 den Kampf mit der deutschen Luftwaffe aufnahmen, gehörten auch Polikarpows kampferprobte Doppeldecker der I-15-Reihe

I-15bis mit über den Rumpf
führender oberer Tragfläche
und festem Fahrgestell

A ls die Luftwaffe im Juni 1941 die Sowjetunion angriff, standen den deutschen Fliegern eine stattliche Anzahl von I-153, aber auch viele Jäger der I-15-Reihe gegenüber. Letztere hatten sich bereits 1937 im zweiten Japanisch-Chinesischen Krieg, im Japanisch-Sowjetischen Grenzkonflikt 1939 sowie im Winterkrieg gegen Finnland 1939/40 in oft harten Kämpfen bewährt. Aufseiten der Republikaner kamen die sehr wendigen und bei den Piloten beliebten I-15 von 1936 bis 1939 in großer Zahl und mit gutem Erfolg zum Einsatz und trafen hier bereits auf deutsche Jäger.

Die erste I-15 war im Oktober 1933 geflogen. Verantwortlich für die Konstruktion zeichnete Nikolai Polikarpow. Am 21. November 1935 sorgte Wladimir Kokkinaki für Aufsehen, als er mit einer abgespeckten I-15 den absoluten Höhenweltrekord auf 14.575 Meter schraubte.

1937 kam die I-15bis (I-152) mit neuem, durchgängigem Oberflügel und weiteren kleinen Verbesserungen zur fliegenden Truppe. Bewaffnet war sie mit vier 7,62-mm-Maschinengewehren. Angetrieben wurde die I-15bis von einem Schwetsow M-25B mit 750 PS, der dem Jäger maximal 350 km/h ermöglichte. Die geringe Fahrt war unter anderem dem festen Fahrwerk geschuldet. Dieses ersetzte Polikarpow beim 1938 erstmals geflogenen Folgemodell I-153 durch ein einziehbares und ließ zudem einen 800 PS starken M-62 montieren. Die Geschwindigkeit stieg zwar beträchtlich, doch war das Gesamtkonzept schlicht veraltet. Dennoch wurde die I-153 1939 in Dienst gestellt. Den deutschen Gegnern zumeist unterlegen, wurden die Doppeldecker überwiegend zu Jagdbombereinsätzen genutzt. Im Laufe des Jahres 1942 verschwanden die I-15 und I-153 aus den Frontverbänden. Gebaut wurden 647 I-15, 2408 I-15bis sowie 3437 I-153.

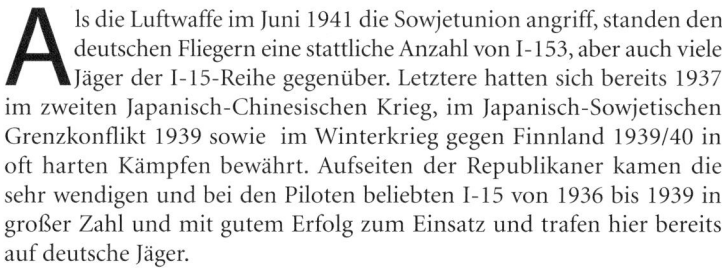

TECHNISCHE DATEN	
Polikarpow I-153	
Einsatzzweck:	
Einsitziger Jäger	
Antrieb:	
Schwetsow M-62	
9-Zylinder-Sternmotor	
Startleistung: 800 PS	
Länge: 6,17 m	
Spannweite: 10,00 m	
Höhe: 2,80 m	
Flügelfläche: 22,14 m²	
Leergewicht: 1452 kg	
Startgewicht (max.):	
1960 (2110) kg	
Höchstgeschwindigkeit:	
444 km/h in 4600 m	
Anfangssteigleistung:	
15,0 m/sec	
Reichweite: 470 km	
Dienstgipfelhöhe: 10.700 m	
Bewaffnung:	
4 × MG - 7,62 mm	
200 kg Bombenlast	

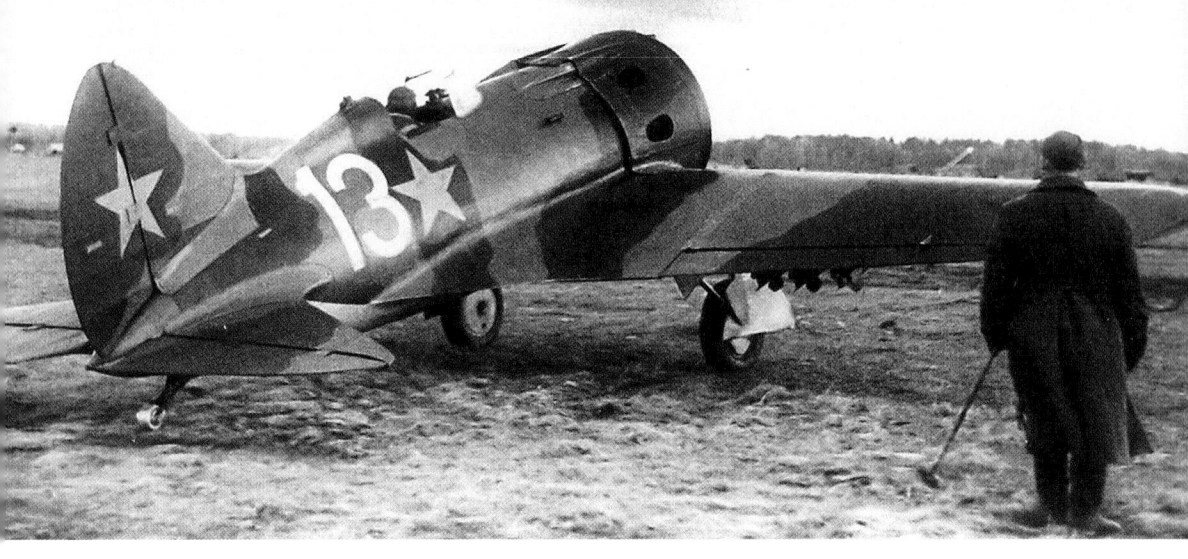

Die I-16 galt Mitte der 1930er-Jahre als das wohl beste Jagdflugzeug. Die Wendigkeit des kleinen Jägers galt und gilt als phänomenal.

Held der Sowjetunion, Oberleutnant Tsokolaev, 1942 in seiner I-16. Bei den sowjetischen Piloten war der Jäger beliebt. Wenngleich sich die I-16 beim Landen und Starten recht störrisch gab und deshalb den Spitznamen „Ischak", Esel, bekam.

REVOLUTIONÄRER TIEFDECKER
Polikarpow I-16

Im Spanischen Bürgerkrieg machte die I-16 als erstklassiger Jäger von sich reden. Im 2. Weltkrieg spielte die kleine, bullige Jagdmaschine nur noch eine kurze Rolle

Mit der I-16 schuf Nikolai Nikolajewitsch Polikarpow 1933 ein revolutionäres Jagdflugzeug. Der Tiefdecker glänzte mit guter Aerodynamik, Schnelligkeit und geringem Gewicht. Fliegerisch zeigte sich die I-16 um alle Achsen stabil und äußerst agil. Zudem war die I-16 das weltweit erste in Dienst gestellte Jagdflugzeug mit Einziehfahrwerk. Eingezogen wurde es per Handkurbel. Doch gab es auch I-16-Ausführungen mit festem Fahrgestell.

Konstruiert war die I-16 in Gemischtbauweise mit Tragflächen aus einem stoffbespannten Metallgerippe. Der Rumpf bestand dagegen überwiegend aus Holz.

Angetrieben von einem 480 PS starken Schwetsow M-22 hob der Prototyp TsKB-12 am 30. Dezember 1933 zum Jungfernflug ab. Der erste in beträchtlicher Zahl an die sowjetischen Jagdeinheiten gelieferte I-16 war der Typ 5 mit 730-PS-M-25-Motor. Der kleine Jäger erreichte 445 km/h und war 1935 das schnellste und leichteste in Einsatz befindliche Jagdflugzeug. An Starrbewaffnung verfügte die I-16 Typ 5 über zwei oberhalb des Motors installierte Maschinengewehre SchKAS, Kaliber 7,62 mm. In der weiteren Entwicklung erhielt die I-16 leistungsfähigere Motoren und eine stärkere Bewaffnung. So flog die 934mal produzierte Version Typ 24 von 1939 mit einem 900-PS-M-63 und zwei zusätzlichen MG in den Flügeln. Die Typen 12 und 17 hatten Maschinenkanonen, Kaliber 20 mm, in den Flächen, genau wie die späten Typen 27 und 28. Zur Vergrößerung der Reichweite konnten zwei abwerfbare 100-Liter-Tanks unter den Flächen mitgeführt werden. Schlachtflugzeug-Varianten der I-16 erhielten zusätzliche Maschinengewehre und/oder Kanonen sowie Bombenträger. Später konnten auch ungelenkte Raketen von der I-16 verschossen

werden. Zu Schulungs- und Übungszwecken brachte Polikarpow zweisitzige I-16 (UTI-4), die oftmals ein festes Fahrwerk aufwiesen.

Zwar war die I-16 mit geschlossener Kabine konzipiert, doch fand diese bei den Piloten kaum Anklang, weshalb die meisten die offene Variante bevorzugten. Gebaut wurde die I-16 von 1935 bis 1942 in insgesamt 10292 Exemplaren.

Eine 1941 erbeutete I-16 neben einer deutschen Bf 109 F, die bereits zur nächsten Jägergeneration gehörte und wesentlich schneller war als die „Rata". In Kurvenkämpfe durften sich die Deutschen jedoch nicht einlassen.

Feuertaufe

Zur Unterstützung der Republikaner während des Spanischen Bürgerkriegs lieferte die Sowjetunion im November 1936 die ersten I-16 nach Spanien. Schnell dominierte die wendige, schnelle „Mosca" (Fliege), so der spanische Spitzname, die von den Nationalisten eingesetzten Typen, darunter die deutschen Heinkel He 51 und Arado Ar 68. Erst mit dem Erscheinen der Messerschmitt Bf 109 B 1937 wendete sich das Blatt. Tatsächlich geschlagen geben musste sich die von den Franco-Fliegern „Rata" (Ratte) genannte I-16 aber erst der Bf 109 E, die ab 1938 nach Spanien kam. Einen schweren Stand hatten die chinesischen und sowjetischen I-16-Piloten während des Zweiten Japanisch-Chinesischen Krieges ab Mitte 1937. Einem ihrer Hauptwidersacher, der Nakajima Ki.27, war die I-16 maximal ebenbürtig. Zum Aufeinandertreffen von Ki.27 und I-16 kam es auch im Rahmen des Japanisch-Sowjetischen Grenzkonflikts 1939.

1939/40 kämpften I-16-Piloten auch gegen Fokker D.XXI und Brewster B-239 der finnischen Luftwaffe, die sich als harte Gegner erwiesen.

Beim deutschen Angriff auf die Sowjetunion im Juni 1941 waren die meisten sowjetischen Jagdverbände mit der veralteten I-16 ausgerüstet, die den Bf 109 E und F hoffnungslos unterlegen war. Mangels genügend neuer Jägertypen blieben I-16 sogar bis weit ins Jahr 1943 hinein im Fronteinsatz.

TECHNISCHE DATEN		
Polikarpow I-16	**Typ 5 (1935)**	**Typ 24 (1939)**
Einsatzzweck	Einsitziger Jäger	
Antrieb	Schwetsow M-25A	Schwetsow M-63
	9-Zylinder-Sternmotor	
Startleistung	730 PS	900 PS
Länge	5,99 m	6,13 m
Spannweite	9,00 m	9,00 m
Höhe	3,25 m	3,25 m
Flügelfläche	14,50 m²	14,50 m²
Leergewicht	1119 kg	1490 kg
Startgewicht	1508 kg	1941 kg
Höchstgeschwindigkeit	445 km/h in 2700 m	490 km/h in 4800 m
Steigleistung	14,2 m/sec	14,7 m/sec
	5400 m in 7,7 min	5000 m in 5,2 min
Reichweite max.	540 km	440 km
Dienstgipfelhöhe	9100 m	9700 m
Bewaffnung	2 × MG – 7,62 mm	4 × MG – 7,62 mm
	200 kg Bombenlast	200 kg Bombenlast

Solide und einfache Konstruktion aus Stahlrohr, Holz und Tuch: die Jak-1 mit V-12-Motor

Jakowlew Jak-1

Mit der Jak-1 kam der erste moderne Jagdeinsitzer in die sowjetischen Jagdverbände, die den leistungsstarken Jäger dringend benötigten

Der zweite Jak-1-Prototyp I-26/2 während der Erprobung. Die Jak-1 war das erste Muster einer neuen Jägergeneration.

D ie Sowjetunion geriet durch den deutschen Überfall im Juni 1941 in arge Bedrängnis. Besonders hart erwischte es die Luftstreitkräfte: Zahlreiche Flugzeuge wurden bereits am Boden zerstört. Die verbliebenen Einsatzflugzeuge waren zumeist veraltet, neue Typen befanden sich zwar im Zulauf, doch waren erst wenige ausgeliefert worden. So fehlte es der sowjetischen Luftwaffe an Flugzeugen, besonders an leistungsfähigen Typen, die es mit den deutschen Mustern aufnehmen konnten.

Zu den ersten Jägern einer neuen Generation von sowjetischen Jagdflugzeugen gehörte Jakowlews Jak-1. Der freitragende Tiefdecker war am 13. Januar 1940 unter der Bezeichnung I-26/I (Istrebitel 26 = Jäger 26) erstmals geflogen. Doch der Jäger war keineswegs serienreif. Bis es so weit war, führten Probleme mit der Öltemperatur zu nicht weniger als 15 Notlandungen. Am 27. April stürzte Testpilot Julian I. Piontkowski während einer Rolle in Bodennähe tödlich ab.

Ein aus der Arretierung gelöstes Fahrwerksbein wurde ihm zum Verhängnis. Piontkowski hätte gar kein derartiges Manöver fliegen sollen, tatsächlich stand nur ein simpler Motortestflug auf dem Programm. Die fliegerische Erprobung wurde zum Leidwesen Piontkowskis mit dem zweiten Prototypen, der I-26/2, von einem anderen Piloten durchgeführt.

Möglicherweise war dies der Grund für Piontkowskis außerplanmäßige, verhängnisvolle Einlage.

1000fach verändert

Bis November 1940 brachte man die offiziell Jak-1 genannte Jagdmaschine zur Serienreife, sodass Ende des Jahres mit der Produktion begonnen wurde. Doch konnte das Muster noch immer keineswegs als ausgereift bezeichnet werden. Die Probleme mit der Öltemperatur waren nach wie vor nicht zufriedenstellend gelöst, hinzu kamen zig andere Schwachstellen und Schwierigkeiten. So erfuhr die in Eile in Produktion gebrachte Jak-1 im Laufe ihrer Fertigung Tausende von Änderungen. Zudem lief der Bau unter teils chaotischen Bedingungen ab. In den Fronteinheiten konnten Teile bisweilen nicht unter den Flugzeugen getauscht werden, manch eine Jak hatte sogar zwei unterschiedliche Fahrwerksbeine.

Grundsätzlich aber handelte es sich bei der Jak-1 um einen gediegenen Entwurf ohne revolutionäre Neuerungen. Die Konstruktion hielt sich an bewährte Methoden und war günstig herzustellen wie auch zu warten. Der Rumpf bestand im Kern aus einem Stahlrohrgerüst, die Flächen dagegen aus Holz. Die einfache, robuste Bauweise, gepaart mit guten Flugeigenschaften- und Leistungen war mit entscheidend für den künftigen Werdegang der Jak-1 und ihrer Nachfolger.

Als Antrieb der ersten Serie kam ein stehender V-12-Zylindermotor Klimow M-105P zum Einbau, der 1050 PS an eine dreiblättrige Verstell-Luftschraube abgab.

Die Bewaffnung der Jak-1 bestand aus einer Maschinenkanone, Kaliber 20 Millimeter, die durch die hohle Luftschraubennabe feuerte, sowie zwei ebenfalls im Rumpf untergebrachten gesteuerten Maschinengewehren, Kaliber 7,62 Millimeter. Mit stärkerem Klimow M-105PF, gut für annähernd 1200 PS, samt verbessertem Kühlsystem, ging im August 1942

Eine Jak-1B mit abgesenktem Rumpfrücken, der die Sichtverhältnisse erheblich verbesserte. Im Bild die Maschine von Leonid Smirnov, die in deutsche Hände gefallen war

Die von Major Boris Eremin (vorne) geflogene Jak-1B in Wintertarnung. Eremin erzielte insgesamt 23 Luftsiege.

die Jak-1B in Serie. Der Typ wies zudem unter anderem eine verstärkte Panzerung, ein neues Visier sowie einziehbares Spornrad auf. Zur Verbesserung der Sicht nach hinten hatte man den Rumpfrücken abgesenkt. Auch die Waffenanlage veränderte sich mit der Jak-1b: Die beiden 7,62-mm-MG wichen einem einzelnen 12,7-mm-MG, das pneumatisch funktionierte. Die Möglichkeit, unter den Flügeln befestigte Zusatztanks, Bomben von maximal je 100 Kilogramm und später auch Raketen mitführen zu können, wurde an mehreren Prototypen erprobt und floss in die laufende Serie ein. Untertypen gab es diesbezüglich keine. Für den Winterbetrieb konnten Skier anstelle der Räder montiert werden. Die stark überarbeitete Jak-1M führte schließlich zur Jak-3.

Im Fronteinsatz

Nur 92 Jak-1 befanden sich zum Zeitpunkt des deutschen Angriffs einsatzklar in Jagdverbänden. Ihre Aufgabe bestand zunächst im Schutz Moskaus. Der deutschen Messerschmitt Bf 109 E wenigstens ebenbürtig, tat sich die Jak-1 mit der neuen Bf 109 F und der Focke-Wulf Fw 190 A schwer. Doch befand sich die Jakowlew-Konstruktion auf dem richtigen Weg, und die Piloten schätzten den einfachen Jäger. Technische Unzulänglichkeiten löste man oft feldmäßig bei den Einheiten. Mit der Jak-1B stand den sowjetischen Jagdfliegern 1942 dann ein insgesamt konkurrenzfähiger und teilweise überlegener Jäger zur Verfügung. Wenigstens 8700 Jak-1 wurden bis Mitte 1944 gebaut, 5672 davon mit dem stärkeren M-105PF-Motor. Wenngleich gegen Ende 1942 schon die ersten auf der Jak-1 basierenden Exemplare des Folgemusters Jak-9 (aus Jak-7) zur Truppe kamen. Selbst die ab 1943/44 eingesetzte direkt von der Jak-1 abstammende Jak-3 konnte den Serienbau vorerst nicht stoppen. Offensichtlich brauchte die sowjetische Luftflotte Jagdflugzeuge – so viele wie möglich.

TECHNISCHE DATEN		
Jakowlew	**Jak-1 (spät)**	**Jak-1B (früh)**
Einsatzzweck	Einsitziger Jäger	
Antrieb	Klimow M-105P V-12-Zylindermotor	Klimow M-105PF
Startleistung	1050 PS	1180 PS
Länge	8,48 m	8,48 m
Spannweite	10,00 m	10,00 m
Höhe	2,64 m	2,64 m
Flügelfläche	17,15 m²	17,15 m²
Leergewicht	2412 kg	-
Startgewicht	2917 kg	2920 kg
Höchstgeschwindigkeit	570 km/h in 3600 m	585 km/h in 3500 m
Steigleistung	5000 m in 6,4 min	925 m/min
Reichweite max.	650 km	700 km
Dienstgipfelhöhe	10.000 m	10.000 m
Bewaffnung	2 × MG – 7,62 mm	1 × MG – 12,7 mm
	1 x MK – 20 mm	1 x MK – 20 mm
	200 kg Bombenlast od.	200 kg Bombenlast od.
	6 Raketen – 82 mm	6 Raketen – 82 mm

VOM SCHULFLUGZEUG ZUM JÄGER
Jakowlew Jak-7

Jak-7 mit Doppelsteuer in Schul-maschine. Bald wurde daraus ein erstklassiger Jagdeinsitzer.

Ursprünglich war die Jak-7 zur Schulung von künftigen Jagdfliegern gedacht, doch zeigte der Zweisitzer ansprechende fronttaugliche Jägerqualitäten

Bereits Mitte 1940 flog bei Jakowlew der Zweisitzer UTI-26, bald. Das Flugzeug mit Doppelsteuer, auch als I-27 bezeichnet, entstand neben dem Jagdeinsitzer I-26, der späteren Jak-1, und war zur Schulung angehender Jagdflieger gedacht. Im Vergleich zur Jak-1 wies die UTI-26 eine vergrößerte Spannweite und zur Einhaltung der Schwerpunktlage weiter hinten positionierte Tragflächen auf. Wie bei der Jak-1 waren diese aus Holz gefertigt. Zwar vornehmlich zur Schulung gedacht, sollte die Maschine in der Serie als Jak-7UTI (UTI für Uchebno Trenirovochnyi Istrebitel = Jagdschulflugzeug) auch als Kurier- und leichtes Transportflugzeug nutzbar sein. Für den Winterbetrieb konnte das Fahrwerk mit Skiern ausgerüstet werden. Zur Version mit Einziehfahrwerk kam ab Mitte 1941 die Variante Jak-7V mit festem Fahrgestell, da diese günstiger zu produzieren war. Der Schultauglichkeit sollte die verminderte Leitungsfähigkeit keinen Abbruch tun. Für Schießübungen erhielten die Schulflugzeuge ein Maschinengewehr, Kaliber 7,62 Millimeter, montiert oberhalb des V-12-Motors Klimow M-105P, der 1050 PS an eine verstellbare Dreiblattluftschraube abgab. Es war derselbe Motortyp, der auch in der Jägerausführung Jak-1 verbaut war.

Serienbau von Jak-7B, die mit etwa 5000 Exemplaren meistgefertigte Jak-7-Variante

Besser als die Jak-1
Die Maschine flog sich insgesamt besser und sicherer. So ließ sich die Jak-7 zum Beispiel leichter wieder aus dem Trudeln herausbekommen.

Einsatzbereite Jak-7 an der Leningradfront. Die hintere Kabinenverglasung wurde mit Blech verkleidet.

Jak-7V mit nicht einziehbarem Fahrgestell im Schulbetrieb

Auch lag sie ruhiger in der Luft und bildete eine sehr stabile Schussplattform. Da zudem dringend Jagdflugzeuge für die Frontverbände benötigt wurden, kam es zur Serienfertigung der Jak-7A als weiterem Jägertyp neben der Jak-1. Die zweite Kabine blieb erhalten und wurde mit einer Blechverkleidung versehen. Als Bewaffnung übernahm man die Anlage der ersten Jak-1 mit den beiden 7,62-mm-MG im Rumpf und einer 20-mm-Kanone, montiert zwischen den Zylinderblöcken des V-Motors. Um die leichte Kopflastigkeit der Jak-7 zu beheben, aber auch um den Raum hinter der Flugzeugführerkanzel zu nutzen, kam dort ein 68 Liter fassender Kraftstoffbehälter zum Einbau. An der Front wurde der Tank aber meist wieder ausgebaut, da er ungeschützt war und die Flugeigenschaften negativ beeinflusste.

Ab April 1942 begann die Produktion der Jak-7B mit dem 1180 PS starken Klimow M-105PF, der auch über ein verbessertes Kühlsystem verfügte. Die leichten 7,62-mm-Maschinengewehre ersetzte man durch zwei 12,7-mm-MG mit zusammen 400 Schuss. Der Tank hinter dem Piloten war verschwunden und die Flügelspannweite reduziert, was den Jäger manövrierfähiger machte. Lediglich 22 Exemplare entstanden von der Jak-7-37 mit 37-mm-Kanone anstatt der 20-mm-MK. Die weitere Entwicklung der Jak-7 als Jäger führte über die Jak-7DI mit abgesenktem Rumpfrücken direkt zur Jak-9.

Bei den sowjetischen Jagdfliegern war die Jak-7 beliebt. Den deutschen Kontrahenten boten sie mit dem ehemaligen Zweisitzer die Stirn. Auch für die 1942 vermehrt auftauchende Messerschmitt Bf 109 G-2 stellte besonders die gut steigende und schnelle Jak-7B einen harten Gegner dar. Gefertigt wurden etwa 6400 Exemplare aller Jak-7-Varianten, darunter 5000 der kampfstarken Jak-7B.

TECHNISCHE DATEN		
Jakowlew	**Jak-7UTI**	**Jak-7B**
Einsatzzweck	Zweisitziger Jagdtrainer	Einsitziger Jäger
Antrieb	Klimow M-105P V-12-Zylindermotor	Klimow M-105P
Startleistung	1050 PS	1180 PS
Länge	8,48 m	8,48 m
Spannweite	-	10,00 m
Höhe	2,64 m	2,64 m
Flügelfläche	17,15 m²	17,15 m²
Leergewicht	2285 kg	2490 kg
Startgewicht	2800 kg	3010 kg
Höchstgeschwindigkeit	585 km/h	570 km/h in 5000 m
Steigleistung	5000 m in 5,5 min	5000 m in 5,8 min
Reichweite max.	650 km	645 km
Dienstgipfelhöhe	8900 m	9900 m
Bewaffnung	1 x MG - 7,62 mm	2 × MG – 12,7 mm 1 x MK – 20 mm 200 kg Bombenlast od. 6 Raketen – 82 mm

Lawotschkin LaGG-1 und LaGG-3

Neben den Mustern Jak-1 und MiG-1 gehörte die ebenfalls 1941 zum Einsatz gelangte LaGG-3 zu den ersten modernen Jagdeinsitzern der sowjetischen Jagdwaffe

Die LaGG-3, hier eine Maschine der Serie 33, erwies sich trotz ihrer Mängel als willkommener Zugewinn für die sowjetischen Jagdfliegerverbände. Bei den Piloten war der Typ jedoch nicht beliebt.

D ie im Laufe des Spanischen Bürgerkrieges gesammelten praktischen Einsatzerfahrungen und das Aufkommen leistungsstarker moderner Jagdeinsitzer wie der Messerschmitt Bf 109 führten zu einem eindeutigen Schluss: Die sowjetischen Jagdflugzeuge I-16 und I-153 mussten dringend ersetzt werden. Auch während der Kampfhandlungen im Winterkrieg gegen Finnland 1939/40 wurde der Missstand in den sowjetischen Luftstreitkräften überdeutlich.

Während dieser Zeit arbeitete das Entwicklungsteam Semjon Lawotschkin, Wladimir Gorbunow und Mikhail Gudkow (LaGG), die im September 1938 ein Konstruktionsbüro gegründet hatten, an einem entsprechenden Jägerentwurf. Begonnen hatte man mit der Umsetzung des neuen Typs noch 1938. Das Spezielle an dem Jagdflugzeug: Um kriegswichtiges Metall einzusparen, wählte man fast ausschließlich Holz als Baustoff, das in großen Mengen zur Verfügung stand. Den besonders hohen Belastungen, denen ein Jagdflugzeug standhalten musste, begegneten die Konstrukteure mit einer Schalenbauweise aus mit Kunststoff verleimtem Sperrholz. Die leichte Konstruktion zeichnete sich durch hohe Steifigkeit und Widerstandsfähigkeit aus.

Ausgestattet mit Einziehfahrwerk, offener Kabine sowie einem 1050 PS starken Klimow M-105P, startete der Prototyp des zunächst noch I-22 genannten Jägers Ende März 1940 zum Jungfernflug. Sieben I-22-Prototypen folgte der Auftrag über 100 in aller Eile zu produzierender LaGG-1, so die Bezeichnung der Maschine nach der Typenneubenennung ab Dezember 1940. Doch konnte der Jäger weder mit seinen Flugleistungen noch mit sonderlichen Flugeigenschaften überzeugen. Da eine Neukonstruktion aus Zeitgründen nicht infrage kam, machten sich die

Instrumentarium im Führerraum einer LaGG-3

Mit voll ausgefahrenen Landeklappen setzt eine LaGG-3 zur
Landung an

Eine LaGG-3 mit Schneekufen-
Fahrwerk, das bei sowjetischen
Jagdflugzeugen als Rüstmög-
lichkeit obligatorisch war

Das Hoheitszeichen der
sowjetischen Streitkräfte in der
komplett roten Ausführung

LaGG-Konstrukteure schnellstens daran, den Entwurf komplett zu
überarbeiten.

Weiterentwicklung zur LaGG-3

Die Summe der gewonnenen Erkenntnisse führte zur I-301, der späteren
LaGG-3. Bereits am 14. Juni 1940 konnte der erste Prototyp starten. Der
Entwurf war erleichtert und mit neuen Flügeln versehen worden, die
zusätzliche Treibstofftanks aufnahmen. Diese waren der Forderung
nach einer Reichweite von 1000 Kilometern geschuldet, die der I-22
(LaGG-1) lag bei höchstens 600. Für eine verbesserte Aerodynamik
sorgte die nun geschlossene Kanzel mit nach hinten aufschiebbarer
Haube. Wenngleich viele Jagdflieger jener Zeit gerne offen flogen, da
dies mehr Überblick im Luftkampf und ein intensiveres Gefühl für
Geschwindigkeit und das Fliegen an sich ermöglichte.

Ende Juli 1940 wurde die I-301 (LaGG-3) zur Massenproduktion
freigegeben. Zwar konnte der Typ fliegerisch nah wie vor nicht überzeugen, doch die politische Lage drängte zum Handeln, auch wenn man mit
dem Nichtangriffspakt zwischen Deutschland und der UdSSR wichtige
Zeit gewonnen hatte.

Die Starrwaffen waren im Rumpf untergebracht und bestanden bei
der LaGG-3 Serie 1 aus zwei ShKAS-Maschinengewehren, Kaliber
7,62-mm, sowie zwei schweren 12,7-mm-MG. Hinzu kam ein weiteres
12,7-mm-MG, montiert zwischen den Motorblöcken des V-12-Motors,
das durch die hohle Propellerwelle schoss. Den Antrieb übernahm wieder
ein stehender V-12-Zylindermotor M-105P mit dreiblättriger Verstell-
Luftschraube. In zahlreichen Unterversionen (Serien) passte man die
LaGG-3 an. Die Bewaffnung wurde zunächst reduziert und bestand in
Serie 8 nur noch aus einem 12,7-mm-MG und einer 20-mm-MK. Die
Serie 34 legte man als Schlachtflugzeug mit 37-mm-Kanonen aus. Da der
LaGG-Jäger wegen seines zu hohen Gewichts als untermotorisiert erach-
tet wurde, kam ab der Serie 29 ein stärkerer Klimow M-105PF mit einer
Leistung von 1180 PS und verbessertem Kühlsystem zum Einbau. Der
Motor hatte eine bessere Höhenleistung und ermöglichte eine Höchstge-
schwindigkeit von etwa 565 km/h. Die Bewaffnung wurde um ein weiteres
12,7-mm-MG verstärkt. Die Flächen wiesen ab Serie 35 serienmäßig automatische Vorflügel auf. Auch wurden die meisten LaGG-3 mit einer
Funkausrüstung ausgestattet, die jedoch anfällig war und oft nur einge-
schränkt funktionierte.

Den Höhepunkt der LaGG-3-Entwicklung erreichte man mit der aerodynamisch verfeinerten Serie 66, die ausschließlich in der Produktionsstätte GAZ-31 im georgischen Tbilisi 1943 gebaut wurde. Der Jäger hatte ein geringeres Abfluggewicht, stieg besser, war 590 km/h schnell und war auch wendiger als seine Vorgänger. Die Produktion der LaGG-3 endete 1943 nach 6528 Exemplaren.

Finnische LaGG-3 der LeLv 32. Die Rumpfnase und Flügelspitzen der Beutemaschine waren zur besseren Freund-/ Feinderkennung gelb lackiert.

Harter Gegner für die Luftwaffe

Schon im Frühjahr 1940 hatte die Sowjetunion fünf Messerschmitt Bf 109 E erhalten, sodass Vergleichsflüge mit den neuesten eigenen Jägertypen durchgeführt werden konnten. Die LaGG-3 zeigte sich als das wendigere Flugzeug, wenngleich die Steuerdrücke in der LaGG recht hoch waren. Der neuen Bf 109 F musste sich die LaGG-3, genau wie der Focke-Wulf Fw 190 A, jedoch klar geschlagen geben. Hinzu kam die schlechte Bauausführung vieler LaGG-3. Grundsätzlich war die LaGG-3 bei den Piloten unbeliebt – der Jäger war zu schwer und zu anfällig. Die LaGG-3 Serie 66 kam zwar näher an die deutschen Maschinen heran, doch legten auch diese mit neuen Modellen nach. Neben reinen Jagdeinsätzen wurden LaGG-3 mit Bomben unter den Flügeln auch zu Jagdbombermissionen herangezogen. Später konnten auch bis zu sechs ungelenkte Raketen mitgeführt werden. Mittels abwerfbarer Zusatztanks ließ sich die Reichweite erhöhen.

Mehrere erbeutete LaGG-3 Serie 4 kamen in der finnischen Luftwaffe zum Einsatz. Gedacht waren die Maschinen speziell zum Abfangen der schnellen Pe-2-Bomber. Doch sind keine Erfolge bekannt.

TECHNISCHE DATEN		
Lawotschkin	**LaGG-3 Serie 1**	**LaGG-3 Serie 35**
Einsatzzweck	Einsitziger Jäger	
Antrieb	Klimow M-105P V-12-Zylindermotor	Klimow M-105PF
Startleistung	1050 PS	1180 PS
Länge	8,81 m	8,81 m
Spannweite	9,80 m	9,80 m
Höhe waagrecht	4,40 m	4,40 m
Flügelfläche	17,51 m²	17,51 m²
Leergewicht	2680 kg	2430 kg
Startgewicht	3076 kg	2620 kg
Startgewicht max.	3346 kg	3160 kg
Höchstgeschwindigkeit	575 km/h in 5000 m	565 km/h
Steigleistung	5000 m in 5,8 min	-
Reichweite max.	1100 km	910 km
Dienstgipfelhöhe	9500 m	10.000 m
Bewaffnung	2 × MG – 7,62 mm	2 × MG – 12,7 mm
	3 × MG – 12,7 mm	1 × MK – 20 mm
	200 kg Bombenlast oder 6 Raketen – 82 mm	

Besticht durch seine rennflug-
zeugartige Erscheinung: eine
MiG-3 im Einsatz im ukraini-
schen Sewastopol

Mikojan-Gurewitsch MiG-1 und 3

Für den Einsatz in mittleren bis großen Höhen geplant und
ausgelegt, flogen die in 8000 Meter 640 km/h schnellen MiG-
Jäger in niedrigeren Einsatzhöhen auf verlorenem Posten

Der Prototyp I-200, die spätere
MiG-1. Die Maschine hatte eine
hohe Landegeschwindigkeit
und verlangte einen geschickten
Flugzeugführer.

A m 5. April 1940 nahm Cheftestpilot Arkadij Ekatow im Prototyp
des Jagdeinsitzers I-200 Platz und blickte nach vorne auf den
endlos langen Rumpf, an dessen Spitze sich, begleitet vom satten
Klang des V-12-Motors, eine dreiblättrige Luftschraube drehte. Auch von
außen betrachtet fiel das kleine Flugzeug ins Auge, es erinnerte eher an
ein Rennflugzeug als an einen Jäger. Die elegante Erscheinung war die
spätere MiG-1 und der 5. April der Tag ihres Erstfluges. Die Jagdmaschine
war Teil der immensen Erneuerungsaktivitäten der sowjetischen Luftstreitkräfte.

Begonnen hatten die Arbeiten an dem frei tragenden aerodynamisch
sauber gestalteten Einsitzer I-200 Mitte 1939 unter der Leitung von
Nikolai Polikarpow. Nach der Umgruppierung von Polikarpows
Konstruktionsbüro übernahm im Oktober 1939 die neu gegründete
Experimental-Konstruktionsabteilung, geführt von Artjom Iwanowitsch
Mikojan und Michail Iossifowitsch Gurewitsch (MiG), die weitere
Ausarbeitung des Entwurfs.

Während der Erprobung stellten sich rasch die Stärken und Schwächen
der in Gemischtbauweise gefertigten I-200 mit komplett hydraulisch einziehbarem Fahrwerk heraus: Passend zur schnittigen Formgebung beein-
druckte das Flugzeug durch seine hohe Geschwindigkeit von rund 640
km/h. In geringen Höhen fielen die Flugleistungen der I-200 stark ab,
doch war sie für den Einsatz in großen Höhen gedacht. Auffällig waren
auch die Flugeigenschaften des Jägers, der eine flugerfahrene, ständig
führende Hand verlangte. Zudem entsprach die Reichweite der I-200
nicht den Ausschreibungsforderungen. Da moderne Jäger dringend
gebraucht wurden, um die veralteten Typen I-16 und I-153 abzulösen,

Einsatzklare MiG-3 mit den charakteristischen kurzen Fahrwerksbeinen und der weit hinten liegenden Kabine. Der Jäger erwies sich in Höhen von 4000 Meter aufwärts als leistungsstark, darunter aber als nahezu unbrauchbar.

gab man trotz der Mängel im Mai 1940 100 Exemplare des ab Dezember 1940 als MiG-1 bezeichneten Jägers zur Fertigung frei.

Komplett überarbeitet: die MiG-3

Rasch machte man sich bei Mikojan-Gurewitsch mit der Mängelliste noch während der Testphase der MiG-1 an deren Verbesserung. Die Ausmerzung der Schwachstellen mündete im Folgemuster MiG-3, das zahlreiche Änderungen erfuhr. So wuchs etwa die Partie zwischen Flugzeugführerkanzel und Propeller nochmals, da der Motor, ein 1200 PS starker Mikulin AM-35A, um etwa zehn Zentimeter

Luftwaffe-Personal begutachtet das Wrack einer MiG-3. An der abgerissenen Seitenflosse ist deutlich deren Holzbauweise zu erkennen.

nach vorne wanderte. Um die hohe Landegeschwindigkeit zu reduzieren, erprobte man automatische Vorflügel. Serienmäßig kamen die Vorflügel jedoch wohl nur in wenigen Maschinen zum Einbau. Die V-Stellung der Flügel wurde zur Optimierung der Flugstabilität um ein Grad erhöht. Die Maßnahmen fruchteten bis zu einem gewissen Grad. Die MiG-3 ließ sich leichter handhaben, verlangte aber immer noch einen guten Piloten. Die Reichweite konnte durch Einbau eines weiteren 250 Liter fassenden Treibstoffbehälters im Rumpf erheblich erweitert werden.

Noch 1940 gelangte die MiG-3 in die Reihenproduktion. Ende des Jahres waren bereits 20 Maschinen fertiggestellt. Bewaffnet war die Serienausführung der MiG-3 mit einem Maschinengewehr, Kaliber 12,7 Millimeter, als Motorwaffe. Eingebaut war die durch die hohle Luftschraubenwelle feuernde Waffe zwischen den Zylinderblöcken des AM-35-V-12-Aggregats. Hinzu kamen zwei ShKAS-MG, Kaliber 7,62 Millimeter, mit je 750 Schuss, die oberhalb des Motors installiert waren. Ab Mitte 1941 konnte die schwache Bewaffnung der MiG-3 durch zwei unter den Flächen in Gondeln montierte 12,7-mm-MG verstärkt werden. Die Höchstgeschwindigkeit sank mit dem Anbau jedoch um etwa 20 km/h. Gegen Bodenziele ließ sich die MiG-3 mit zwei 100-kg-Bomben oder

Aufgestellt zum Erinnerungs-
foto: Piloten der 2. Staffel des
124. Jägerregiments an einer
MiG-3

Die modern und zeitgemäß
ausgestattete Kanzel einer
MiG-3

sechs ungelenkten RS-82-Raketen bestücken, die von Schienen unter den
Tragflächen verschossen wurden. Wenngleich sich die MiG-3 für Tiefangriffe nicht eignete.

Die MiG-Jäger an der Front

Neben der LaGG-3 und Jak-1 kamen mit den schnittigen MiG-1 und -3
1941 zwei weitere Jagdeinsitzer zu den Jagdeinheiten. Im Zuge des am
22. Juni 1941 begonnenen deutschen Angriffs, dem Unternehmen
Barbarossa, hatten die sowjetischen Luftstreitkräfte einen gewichtigen Teil
ihrer Flugzeuge, darunter auch viele MiG-Jäger, bereits am Boden ein-
gebüßt. Nun sollten die neuen Jagdmuster, die in aller Eile die Fertigungs-
stätten verließen und an die Frontverbände geliefert wurden, den
Deutschen Paroli bieten. Dort gab es jedoch nicht genug geschulte Ein-
weiser, so standen am 1. Juni 1941 zwar rund 1000 Mig-3 in den Jagdverbänden, doch waren nur halb so
viele Flugzeugführer vorhanden, die sie fliegen konnten. Für
die Piloten der MiG-1 und -3,
die auf den Einsatz in mittleren
bis großen Höhen ausgelegt
waren und hoch einfliegende
Bomber abfangen sollten,
erwuchsen harte Kampfbedin-
gungen, da sich die meisten Einsätze an der Ostfront tatsächlich
in niedrigen bis mittleren
Höhen (4500 m) abspielten.
Den deutschen Jagdeinsitzern
Bf 109 und Fw 190 unterlagen
die MiG-Jäger in nahezu allen
Kriterien. Die schwierige Hand-
habung der MiG-1, aber auch
der MiG-3, erschwerte deren
Einsätze zusätzlich. Während
die Produktion der MiG-1 nach
100 Serienmaschinen und drei
Versuchsflugzeugen nicht fortgesetzt wurde, verließen von der
MiG-3 bis Ende 1941 insgesamt
3172 Exemplare die Werkhallen.

TECHNISCHE DATEN		
Mikojan-Gurewitsch	**MiG-1**	**MiG-3 Serie 2**
Einsatzzweck	Einsitziger Jäger	
Antrieb	Mikulin AM-35A V-12-Zylindermotor	
Startleistung	1350 PS	1350 PS
Länge	8,26 m	8,26 m
Spannweite	10,20 m	10,20 m
Höhe	3,50 m (waagrecht)	3,50 m
Flügelfläche	17,44 m²	17,44 m²
Leergewicht	2595 kg	2699 kg
Startgewicht max.	3325 kg	3350 kg
Höchstgeschwindigkeit	640 km/h	640 km/h in 7800 m
Anfangssteigleistung	5000 m in 5,3 min	5000 m in 5,7 min
	-	8000 m in 10,3 min
Reichweite max.	830 km	1195 km
Dienstgipfelhöhe	11.500 m	11.500 m
Bewaffnung	2 × MG – 7,62 mm	2 × MG – 7,62 mm
	1 x MG – 12,7 mm	1 × MG – 12,7 mm
		zus. möglich:
		2 × MG – 12,7 mm
		200 kg Bombenlast
		oder 6 Raketen – 82 mm

Aus der Pe-3 entstand das weitgehend baugleiche Mehrzweck-Kampfflugzeug Pe-2.

Petljakow Pe-3

Das Mehrzweck-Kampfflugzeug Pe-2 galt als ausgezeichneter leichter Bomber und Aufklärer. Unter der Bezeichnung Pe-3 flog der Typ jedoch auch als schwerer Höhenjäger

Aus dem Bug dieser Pe-3bis ragen die beiden 20-mm-Maschinenkanonen.

Den kompletten Krieg hindurch hatte es die deutsche Luftwaffe mit der Petljakow Pe-2, einem der herausragendsten sowjetischen Kampfflugzeuge, zu tun. Der zweimotorige Ganzmetall-Tiefdecker kam als leichter Bomber, Schlachtflugzeug und Aufklärer in großer Stückzahl zum Einsatz. Ursprünglich hatte Konstrukteur Wladimir Petljakow die Maschine 1938 als schweren Langstrecken- und Höhenjäger unter der Bezeichnung Samoljot 100 beziehungsweise WI-100 (Wysotny Istrebitel = Höhenjäger) entworfen, der dann aber weisungsgemäß zum Kampfflugzeug umgerüstet wurde. Dennoch kam es zur Produktion einer kleinen Serie von zunächst 23 Flugzeugen der Jägerversion Pe-3. Wie die Bomberversion, war auch die Pe-3 mit zwei V-12-Zylindermotoren des Typs Klimow M-105 ausgestattet, die jeweils 1100 PS abgaben. Fest im Bug installiert waren zwei MG UBT, Kaliber 7,62 Millimeter, sowie zwei 12,7-mm-MG-ShKAS. Zur rückwärtigen Verteidigung kam ein weiteres 12,7-mm-MG zum Einbau, das vom Funker und Bordschützen bedient wurde. Zudem konnten bis zu 200 Kilogramm an Bomben mitgeführt werden.

Den Einsatzerfolgen Rechnung tragend, kam es zur Fortsetzung der Pe-3-Produktion, die um 200 Exemplare aufgestockt wurde. Diese Maschinen kamen als Pe-3bis ab Herbst 1941 zu den Einheiten und hatten einen um zwei 20-mm-Maschinenkanonen verstärkten Waffenbug. Auch ließen sich nun Raketen unter die Flächen hängen. Angetrieben wurde die Pe-3bis von etwas stärkeren M-105R.

Abgeleitet aus der Pe-3bis erschien 1942 der Aufklärer Pe-3R. Hinzu kam die Sturzkampfbomber-Version Pe-3I. Als reines Höhenjagdflugzeug entstand die Pe-3WI mit Druckkabine. Gefertigt wurden insgesamt etwa 1300 Exemplare der Pe-3-Reihe.

TECHNISCHE DATEN
Petljakow Pe-3bis
Einsatzzweck: Schwerer Höhenjäger
Besatzung: 2
Antrieb: 2 x Klimow M-105R V-12-Zylindermotor
Startleistung: 2 x 1115 PS
Länge: 17,16 m
Spannweite: 12,77 m
Höhe: 3,95 m
Flügelfläche: 40,50 m²
Leergewicht: 5870 kg
Startgewicht: 8040 kg
Höchstgeschwindigkeit: 540 km/h in 5000 m
Reichweite max.: 1700 km
Dienstgipfelhöhe: 9100 m
Bewaffnung: 2 x MK – 20 mm
3 x MG – 12,7 mm
2 x MG – 7,62 mm
300 kg Bombenlast
8 Raketen – 82 mm

USA

D ie Luftstreitkräfte der USA, die United States Army Air Forces (USAAF) und die fliegenden Verbände der US Navy, wuchsen während des Zweiten Weltkriegs rasch zu enormer Größe heran. Zunächst im US Army Air Corps organisiert, ging die Führung der landgestützten US-Luftwaffe im Juni 1941 in die USAAF über. Die Flugzeuge der Marine blieben jedoch weiterhin der US Navy unterstellt.

Nach dem japanischen Angriff auf Pearl Harbor am 7. Dezember 1941 hatten die US-Fliegerkräfte zunächst mit teils erheblichen Schwierigkeiten zu kämpfen, konnten sich dann aber zunehmend in den Einsatzräumen des Pazifiks behaupten.

Zunächst vornehmlich auf den Kampf gegen Japan konzentriert, begannen die USAAF Mitte 1942 langsam auch im Krieg gegen Deutschland und Italien Flagge zu zeigen. Noch hatte hier die britische Royal Air Force die Hauptlast zu tragen.

Lag 50 Jahre im grönländischen Eis und ist seit 2002 wieder in der Luft: Lockheed P-38F-1-LO Lightning „Glacier Girl" von 1942.

Links Die F3F-1 war das Ergebnis einer Jäger-Ausschreibung von 1934. Der Typ kam auf Trägern der US Navy und bei landgestützten Marine-Corps-Einheiten zum Einsatz.
Foto: US Navy

Unten Die F3F löste das Vorgängermodell F2F (im Bild) ab. Beide Grumman-Jäger verfügten bereits über ein Einziehfahrwerk.
Foto: US Navy

FLIEGENDES MARINE-„FASS"

Grumman F3F

Anfang 1936 erhielt die US Navy mit der F3F ihren letzten trägergestützten Jagddoppeldecker. Zum Kriegseinsatz gelangte der Typ nicht mehr

D ie Weiterentwicklung der F2F flog erstmals am 20. März 1935. Während der Erprobung gingen binnen eines Monats zwei XF3F-1-Prototypen verloren. Testpilot Colins stürzte gar tödlich ab. Grumman hatte etliche Probleme zu beseitigen, doch bestellte die US Navy bereits im August 1935 ein erstes Baulos von 54 F3F-1, die einen 650 PS starken Doppel-Sternmotor von Pratt & Whitney als Antrieb nutzten. Ihres voluminösen Rumpfes wegen wurden die F2F und F3F auch als „Flying Barrels" bezeichnet. Das „Fliegende Fass" F3F hinterließ in der Luft jedoch einen guten Eindruck. Naturgemäß kosteten die beiden Flächen Geschwindigkeit. Dafür punktete die F3F mit ihrem einziehbaren Fahrwerk. 1937 kam die F3F-2 mit verbreiterter Motorverkleidung für den 950-PS-Wright-R-1820-22-Motor. Das Aggregat trieb auch die letzte Version F3F-3 an, die in vielen Details verbessert war. Bestellt wurden von der F3F-3 im Juni 1938 noch 27 Stück. Die Bewaffnung bestand bei allen Varianten aus je einem Browning-MG, Kaliber 7,7 und 12,7 mm. Gegen Bodenziele konnte die F3F mit zwei Bomben bestückt werden.
Zu Kampfeinsätzen mit F3F kam es nicht. Ende 1941 waren alle F3F durch modernere Typen ersetzt. Letzte Exemplare dienten noch bis November 1943 überwiegend dem Pilotentraining. Produziert wurden 164 F3F, drei wurden zu zivilen Maschinen umgebaut, genannt G-22 Gulfhawk II, G-32 und G-32A Gulfhawk III.

TECHNISCHE DATEN
Brewster F3F-3
Einsatzzweck:
Einsitziger Jäger
Antrieb:
Wright R-1820-22 Cyclone
9-Zylinder-Sternmotor
Startleistung: 950 PS
Länge: 7,06 m
Spannweite: 9,75 m
Höhe: 3,27 m
Flügelfläche: 24,15 m²
Leergewicht: 1490 kg
Startgewicht max.: 2175 kg
Höchstgeschwindigkeit:
425 km/h in 4600 m
Steigleistung:
14 m/sec
Reichweite max.: 1600 km
Dienstgipfelhöhe: 10.120 m
Bewaffnung: 1 x MG – 7,7 mm
1 x MG – 12,7 mm
105 kg Bombenlast

Die F2A der US-Navy stand vor der F4F auf Trägern und bei den landgestützten Marine-Corps-Einheiten in Dienst *Foto: US Navy*

Hans Henrik „Hasse" Wind erzielte 39 seiner 75 Luftsiege in B-239 und gehörte zu den erfolgreichsten finnischen Jagdfliegern.
Foto: Finnisches Nationalarchiv

MARINE-JÄGER

Brewster F2A Buffalo

Die F2A flog sowohl bei der US Navy als auch bei etlichen anderen Luftstreitkräften. Vor allem in Finnland bewährte sich der kleine Jäger

D ie F2A, der erste trägergestützte Jagdeindecker der US-Navy, ging aus einer Forderung des Jahres 1935 hervor und ersetzte die F3F von Grumman.

Die von einem 9-Zylinder-Sternmotor angetriebene Ganzmetall-Konstruktion war als Mitteldecker mit klappbaren Flächen und einziehbarem Fahrwerk konzipiert. Die Bewaffnung bestand aus zwei 12,7-mm-MG in den Flügeln sowie einem 7,62-mm- und einem weiteren 12,7-mm-MG über dem Motor.

Erst Ende 1939 gingen 10 F2A-1 an die VF-3 an Bord des Trägers USS Saratoga. 44 F2A-1 wurden als B-239 nach Finnland geliefert. Die überarbeitete F2A-2 erhielt einen 1200 PS starken Wright R 1820-40 und vier 12,7-mm-MG.

Nochmals überarbeitet, erschien 1940 die F2A-3 mit verlängertem Rumpf, Panzerung und selbst dichtenden Treibstofftanks samt erhöhter Kapazität. Unter der Gewichtszunahme litten jedoch mit Ausnahme der Reichweite die Flugleistungen und -eigenschaften. Die vormals hohe Wendigkeit ging verloren. Nahezu baugleich mit der F2A-3 waren die Exportmodelle B-339 und B-439 für die niederländischen, belgischen und britischen (FAA, RAF, RAAF und RNZAF) Luftstreitkräfte, die mit unterschiedlichen Motoren geliefert wurden und gegen die Japaner zum Einsatz gelangten.

Die US-Baffalos hatten ihren großen Auftritt bei der Verteidigung der Midway-Inseln Anfang Juni 1942. 13 der 20 eingesetzten Marine-Corps-Maschinen gingen gegen die japanische Übermacht verloren. In der finnischen Luftwaffe bewährten sich die B-239 im Kampf gegen die Sowjetunion. Bis 1941 wurden 509 Buffalo-Jäger gebaut.

Grumman F4F Wildcat

Mit der Grumman Wildcat errangen die US-Jagdflieger ihre ersten großen Siege. Aber auch für die britische Royal Navy kam der amerikanische Jäger zur rechten Zeit

Bis Ende 1942 kämpften die US-Navy-Piloten in ihren Wildcat-Jägern um die Luftherrschaft auf dem pazifischen Kriegsschau-platz.

D ie US Navy hatte 1935 eine Ausschreibung für ein neues Träger-Jagdflugzeug herausgegebenen, die 1939 die Einführung der Brewster F2A zur Folge hatte. Grumman war mit seiner XF4F-2 unterlegen. Der stark überarbeitete Prototyp XF4F-3 (intern G-36), geflogen erstmals im März 1939, konnte die Navy-Verantwortlichen über-zeugen, was Grumman Mitte 1939 einen Produktionsauftrag einbrachte. Die erste Serienmaschine F4F-3 flog etwa ein Jahr darauf.
Angetrieben von einem 1200 PS starken Pratt & Whitney R-1830-76 zeigte der kompakte Mitteldecker insgesamt respektable Leistungen und war für den Trägereinsatz gut geeignet.

Während bei der F4F-3 nur vier Browning-M-2-Maschinen-gewehre, Kaliber 12,7 mm, in den Tragflächen eingebaut waren, erhöhte man die Bewaffnung bei der überarbeiteten, ab November 1941 ausgelie-ferten F4F-4 auf sechs MG. Dies hatte jedoch die Reduzierung des Munitionsvorrates auf 240 Schuss pro Waffe zur Folge, was vielen Jagd-fliegern missfiel.

Die F4F-4 wurde von einem R-1830-86 Double Wasp-Motor angetrieben, der, mit einem Zweistufenlader ausgerüstet, zwar keine höhere Startleis-tung erbrachte, ansonsten aber leistungsfähiger war als der R-1830-76. Die Kraft des 14 Zylinder-Doppelsternmotors wurde auf einen dreiblätt-rigen Curtiss C5315-Metall-Propeller mit 2,98 Metern Durchmesser übertragen.

Um nächtliche Trägerdeck-Landungen zu erleichtern, war im linken Flü-gel ein Landescheinwerfer installiert, der automatisch eingeschaltet wurde,

F4F-3 der Fighting Squadron 22, US Marine Corps, auf Midway. Captain John F. Carey schoss am Morgen des 4. Juni 1942 mit der „22" einen Stuka D3A ab.

F4F-3A mit vier MG in den Flächen mit Zusatzmarkierungen während einer Übung im November 1941 *Foto: US Navy*

Wurde nach fünf Luftsiegen zum ersten US-Navy-Ass: Lt. „Butch" O'Hare in seiner Wildcat der VF-3

Von General Motors gebaute FM-2 mit dem markanten nach oben vergrößerten Seitenleitwerk *Foto: US Navy*

sobald der im Heck untergebrachte Landehaken ausfuhr. Zur besseren Unterbringung auf Flugzeugträgern konnten die Flächen ab der F4F-4 nach hinten geschwenkt werden. Unter jedem Flügel konnte eine 45-kg-Bombe mitgeführt werden. Spätere Wildcat-Ausführungen ließen sich auch mit sechs Raketen, Kaliber 127 mm, bestücken.

Zu Beginn des Krieges verfügten die Wildcats noch nicht über selbst dichtende Treibstofftanks, diese wurden aber bald Standard und bei älteren Maschinen nachgerüstet. In zwei abwerfbaren Tanks unter den Flächen konnten zusätzlich 440 Liter Treibstoff mitgeführt werden.

Mit dem Zusatzkürzel P waren zu Aufklärern umgebaute F4F versehen. Nur 21 Stück wurden von einer unbewaffneten als F4F-7 bezeichneten Version gebaut, die speziell für die Langstreckenaufklärung mit Kameras und erhöhtem Tankvolumen ausgestattet war.

Kampfstark unterlegen

Schon die ersten Begegnungen mit der Mitsubishi A6M2 offenbarte klar die Überlegenheit des japanischen Jägers. Zudem war dieser den US-Amerikanern praktisch unbekannt.

Zwar in Sachen Flugleistungen klar unterlegen, erkämpften Wildcat-Piloten nach einer Weile doch beachtliche Erfolge im Kampf gegen den japanischen „Wunderjäger". Bei hohen Geschwindigkeiten zeigte sich die robuste F4F sogar als manövrierbarer, zudem war sie im Sturzflug schneller als die Zero. Auch konnte die Wildcat enorme Treffer verkraften und war nur schwer in Brand zu schießen.

Wechsel zu General Motors

Da man sich bei Grumman voll auf die Produktion der F6F konzentrierte, wurde die weitere F4F-Fertigung 1942 an General Motors übergeben. Der mit der F4F-4 weitgehend baugleichen FM-1 folgte die verbesserte FM-2, die zur meistproduzierten Wildcat-Variante werden sollte. Die FM-2 erhielt ein nach oben vergrößertes Seitenleitwerk, außerdem wurde die MG-Bewaffnung, wie schon bei der FM-1, wieder auf vier Maschinengewehre reduziert. Als Antrieb diente ein einreihiger 1350 PS starker Sternmotor vom Typ Wright R-1820-56.

Mit Auslieferung der neuen Hellcat- und Carsair-Jäger wurden die Wildcats ab 1943 aus den vorderen Kampfeinheiten genommen, blieben jedoch in kleiner Zahl bis 1945 im Einsatz.

Britische Martlett

1939 bestellte Frankreich 81 G-36A mit 1200 PS starken R-1820-G205A-9-Zylinder-Sternmotoren, französischen Instrumenten und Maschinengewehren. Die erste G-36A flog am 11. Mai 1940, zu einer Lieferung kam es jedoch kriegsbedingt nicht mehr. Im Juli 1940 übernahm Großbritannien die Maschinen und ließ die Jäger beim heimischen Flugzeugbauer Blackburn den eigenen Bedürfnissen entsprechend umrüsten. Die ersten als Martlet Mk.I bezeichneten Flugzeuge gingen an die No. 804 Squadron auf den Orkney Inseln. Am 25. Dezember 1940 schossen zwei Martlett-Piloten der 804. bei Scapa Flow eine Ju 88 ab – der erste Luftsieg eines amerikanischen Flugzeugs über ein deutsches im Zweiten Weltkrieg.

Schon vor Übernahme der französischen Lieferung hatten die Briten für den Fleet Air Arm (FAA) 100 G-36B mit Pratt & Whitney-R-1830-S3C4-G-Sternmotoren geordert. Die ersten zehn Flugzeuge hatten noch starre Flächen, alle weiteren Martlet Mk.II genannten Jagdmaschinen wiesen die klappbaren der F4F-4 auf, der sie weitgehend entsprachen. Gegenüber der Mk.I stieg das Gewicht allerdings um 450 kg. Die Royal Navy brauchte die Martlet dringend, da sie nur die veraltete Gloster Sea Gladiator und

F4F-3 der VF-6 im Mai 1942 auf der USS Enterprise. Während der Schlacht um Midway, den Kämpfen um die östlichen Salomonen und im Korallenmeer stellten sich F4F-Jäger 1942 von Trägern aus den überlegenen Zeros.   *Foto: US Navy*

Grumman Martlet Mk III der No. 805 Squadron des Fleet Air Arm in unüblichem Sandgelb, geflogen von Sub-Lieutenant W. M. Walsh. Die 805 stieg im Juni 1941 von der Sea Gladiator auf die Martlet um. Am 28. September 1941 schoss Walsh mit dieser Maschine während der Operation „Crusader" eine Fiat G.50 ab, der zweite Abschuss durch eine Martlet überhaupt.

die zweisitzige Fairey Fulmar als Jäger auf ihren Trägern hatte. Ursprünglich für Griechenland bestimmte F4F-3A wurden im April 1941 vom FAA als Martlet Mk.III übernommen. Im Rahmen des Lend-Lease-Abkommens lieferten die USA mit einstufigen Ladermotoren R-1820-40B Cyclone oder GR-1820-G250A-3 angetriebene F4F-4B, die als Martlet Mk.IV geführt wurden.

Von 1060 gebauten FM-1 wurden 322 als Martlet Mk.V den britischen Streitkräften geliefert.

Ab Januar 1944 übernahmen die Briten den Namen Wildcat. So flog die FM-2 beim FAA als Wildcat Mk.VI, die überwiegend im Fernen Osten eingesetzt war. Die Gesamtstückzahl an gefertigten Wildcat-Jägern beläuft sich auf stattliche 7885.

TECHNISCHE DATEN			
Grumman	**F4F-3**	**F4F-4**	**FM-2**
Antrieb:	Pratt & Whitney		Wright
	R-1830-76 (-86)	R-1830-86	R-1820-56W
	14-Zylinder-Doppelsternmotor		9-Zylinder-Sternmotor
Startleistung	1200 PS	1200 PS	1350 PS
Spannweite	11,58 m	11,58 m	11,58 m
Länge	8,76 m	8,76 m	8,80 m
Höhe	3,67 m (waagrecht)	-	
Flügelfläche	24,16 m²	24,16 m²	24,16 m²
Leergewicht	2423 kg	2624 kg	2471 kg
Abfluggewicht normal	3176 kg	3359 kg	3396 kg
Abfluggewicht max.	3698 kg	3607 kg	3752 kg
Höchstgeschwindigkeit	530 km/h in 6400 m	515 km/h in 5900 m	520 km/h in 6000 m
Marschgeschwindigkeit	300 km/h (max. Reichw.)	-	425 km/h
Beste Steigleistung	10,5 m/sec	11,2 m/sec	14,7 m/sec
Steigleistung	-	6100 m in 12,4 min	-
Reichweite (mit Zusatztank/s)	1350 km	1350 km	1450 km
Dienstgipfelhöhe	9.450 m	10.400 m	10.850 m
Bewaffnung	4 x MG - 12,7 mm	6 x MG - 12,7 mm	4 x MG - 12,7 mm
	2 x 45 kg Bombenlast	2 x 45 kg	2 x 113 kg Bomben od. 6 Raketen -127 mm

Zum Zeitpunkt seiner Indienststellung 1937 war der robuste Ganz-metall-Jäger P-35 bereits technisch und leistungsmäßig überholt.

Nach dem japanischen Angriff: Reste von P-35 auf Nichols Field bei Manila am 10. Dezember 1941

MODERN VERALTET

Severskys P-35

Mit Severskys P-35 erhielt das US Army Air Corps sein erstes, einsitziges Jagdflugzug mit Einziehfahrwerk und geschlossener Kabine

Zunächst als zweisitziger Jäger konzipiert, baute man das Flugzeug 1935 leistungsorientiert in einen Einsitzer um. Der P-35 genannte Jäger traf die Vorstellungen des US Army Air Corps, das mit dem Typ 1937 sein erstes, einsitziges Jagdflugzug mit Einziehfahrwerk und geschlossener Kabine in Dienst stellte. Angetrieben von einem 850 PS starken Pratt & Whitney-Doppelsternmotor konnte die P-35 allerdings in Sachen Flugleistungen nicht mit den Topjägern ihrer Zeit mithalten. Die P-35A, eine ursprünglich für Schweden bestimmte Version (EP-106), trieb ein Pratt & Whitney R-1830-45 mit 1050 PS an, der für einen deutlichen Leistungszuwachs sorgte. Als Bewaffnung kamen zunächst nur zwei MG (7,62 mm und 12,7 mm in P-35) zum Einbau, bei der P-35A dagegen vier. Nach Kriegsbeginn stellte sich rasch die völlige Unterlegenheit der P-35 gegenüber den japanischen Kontrahenten heraus, weshalb sie bald schon aus den US-Fronteinheiten verschwand.

60 EP-106 (P-35A) dienten als J 9 in der schwedischen Luftwaffe, wo sie Gloster Gladiator ersetzten. Einschließlich der EP-106 fertigte Seversky 196 P-35 (76 Stück) und P-35A. 1939 wurde die Seversky Aircraft Corporation in Republic Aviation Company umbenannt und baute auf Basis der P-35 die XP-41 und P-43 Lacer, deren Weiterentwicklung zur berühmten P-47 Thunderbolt führte.

TECHNISCHE DATEN	
Seversky P-35A (EP-106)	
Einsatzzweck:	
Einsitziger Jäger	
Antrieb:	
Pratt & Whitney R-1830-45	
14-Zyl.-Doppelsternmotor	
Startleistung: 1050 PS	
Länge: 8,17 m	
Spannweite: 10,97 m	
Höhe: 2,97 m	
Flügelfläche: 20,43 m²	
Leergewicht: 2075 kg	
Startgewicht max.: 3050 kg	
Höchstgeschwindigkeit:	
467 km/h in 3660 m	
Steigleistung: 9,8 m/sec	
Reichweite max.: 1530 km	
Dienstgipfelhöhe: 9570 m	
Bewaffnung:	
2 × MG - 7,62 mm	
2 x MG – 12,7 mm	
160 kg Bombenlast	

Erhalten geblieben: die P-36A Hawk des National Museum of the United States Air Force in Dayton/Ohio

BEWÄHRTER EXPORTJÄGER

Curtiss P-36 Hawk/Modell 75

Die P-36 flog nur in geringem Umfang in den US Army Air Forces. Französische und finnische Jagdflieger konnten mit dem Jäger dagegen respektable Erfolge erzielen

TECHNISCHE DATEN

Curtiss P-36A (EP-106)

Einsatzzweck:
Einsitziger Jäger

Antrieb:
Pratt & Whitney R-1830-17
14-Zyl.-Doppelsternmotor
Startleistung: 1050 PS

Länge: 8,70 m

Spannweite: 11,40 m

Höhe: 2,60 m

Flügelfläche: 21,92 m²

Leergewicht: 2076 kg

Startgewicht max.: 2732 kg

Höchstgeschwindigkeit:
500 km/h in 3000 m

Steigleistung: 17 m/sec

Reichweite max.: 1400 km

Dienstgipfelhöhe: 10.000 m

Bewaffnung:
1 x MG – 7,62 mm
1 x MG – 12,7 mm
90 kg Bombenlast

D er Ganzmetall-Entwurf Modell 75 (P-36) entstand auf private Initiative von Curtiss und flog erstmals im Mai 1935. Obwohl Severskys P-35 unterlegen, orderte das USAAC zur Sicherheit auch die P-36. Für Vortrieb in der P-36A sorgte ein 1050 PS leistender Doppelsternmotor von Pratt & Whitney. Als Bewaffnung kamen zunächst zwei MG (7,62 mm und 12,7 mm) zum Einbau. In späteren Ausführungen installierte man bis zu vier 7,62-mm-MG in den Flächen und zwei weitere im Rumpf (auch 12,7 mm).

Frankreich erhielt ab Ende 1938 316 Exemplare der Exportversionen Hawk 75A-1 bis A-4 mit 900 bis 1200 PS starken Motoren. Die wendigen Jäger kamen zum kurzen, aber heftigen Einsatz gegen die deutsche Luftwaffe. H75 der Vichy-Regierung flogen später in Nordafrika gegen die Alliierten. Finnland kaufte 44 von Deutschen in Frankreich und Norwegen erbeutete Hawks und setzte sie mit großem Erfolg gegen ihre sowjetischen Widersacher ein. Als Mohawk I bis IV flogen ehemals für Frankreich bestimmte Maschinen in der RAF und SAAF gegen Italien und Japan. Insgesamt flog der Curtiss-Jäger für 19 Länder, darunter China, Indien und Argentinien, die die Hawk in Lizenz fertigten. Dabei handelte es sich teilweise um vereinfachte Versionen 75M, N und O mit festem Fahrwerk.

Zu ihrem einzigen Kampfeinsatz in den USAAF kam die Hawk während des japanischen Angriffs auf Pearl Harbor, als zwei P-36-Piloten der Abschuss zweier A6M2 gelang.

215 P-36 und 900 Hawk 75 wurden gebaut. Basierend auf der P-36 entstanden die mit V-12-Motoren ausgerüsteten Prototypen YP-37 und XP-42. Folgemuster der P-36 wurde die P-40.

ALLESKÖNNER

Curtiss P-40 Warhawk

Zwar wartete die P-40 nicht mit besonderen Leistungen auf, dennoch gehört der Jäger mit annähernd 14000 Exemplaren zu den meistgebauten US-Flugzeugen des Zweiten Weltkriegs

Hawk 87A-3 (P-40C) der 1st American Volunteer Group (AVG) „Flying Tigers", die 1941/42 mit großem Erfolg über China gegen die japanischen Luftstreitkräfte kämpfte

I m Zuge der Weiterentwicklung des Jägers Curtiss P-36 (Exportversion Hawk 75) mit Sternmotor entwickelte die Curtiss-Mannschaft den Prototyp XP-40, der am 14. Oktober 1938 zum Erstflug abhob. Die Verantwortlichen des US Army Air Corps fanden das Muster zufriedenstellend und bestellten im Frühjahr 1939 524 P-40, firmenintern als Modell 81 bezeichnet. Erste Exemplare konnten im April 1940 ausgeliefert werden. Die Maschinen waren mit 1050 PS starken Lader-V-12-Zylindermotoren Allison V-1710-33 ausgerüstet, und die Bewaffnung bestand lediglich aus zwei über dem Motor montierten Browning-Maschinengewehren, Kaliber 12,7 Millimeter. Bereits ein knappes Jahr später wurde die Nachfolgevariante P-40B an die Truppe geliefert. Der Typ wies zwei weitere 7,62-mm-MG in den Flächen auf und war mit selbst dichtenden Treibstofftanks ausgerüstet. Mit der P-40C kamen nochmals zwei Flächen-MG desselben Kalibers zum Einbau. Mittels Trägern unter dem Rumpf und den Flächen konnten unterschiedliche Bombenkaliber oder/und ein Zusatztank mitgeführt werden. Die Verstärkung von Bewaffnung und Panzerung sowie andere Veränderungen führten zu einer beträchtlichen Erhöhung des Abfluggewichts und Verschlechterung der Flugleistungen und -eigenschaften.

Der schnittige Prototyp XP-40 1938 auf Testflug. Waffen waren nicht installiert.

Erstarkte Warhawk

Abhilfe sollte mit der P-40D Warhawk durch den Einbau des 1150 PS starken Allison V-1710-39 geschaffen werden. Das Exportmodell lief unter

Kittyhawk Mk I (P-40D) der No 450 Squadron der australischen Luftwaffe, der RAAF, in Nordafrika
Foto: RAF

Rechts: Eine Gruppe unterschiedlicher Versionen der P-40 Warhawk während eines Trainingsfluges in den USA
Fotos (6): US Air Force

Unten: Robert Smith der „Flying Tigers" in seiner Curtiss Hawk 81A-2 der 3rd Persuit Squadron in China 1942. Auf der Frontscheibe ist eine Panzerglasplatte montiert.

der Bezeichnung Hawk 87A/Kittyhawk Mk I. Der Einbau des Motors brachte auch die Umgestaltung der Frontpartie mit sich. Der für die P-40 so typische, weit nach vorn ragende Kinnkühler trat nun prominent in Erscheinung. Die Rumpfbewaffnung entfiel, in die Flügel wurden vier (ab P-40D meist sechs) schwere 12,7-mm-MG eingebaut. Ein großes Manko der P-40-Reihe war die schlechte Höhenleistung der Allison-Triebwerke. Zwar konnte dem Problem mit dem Einbau des 1300 PS leistenden Packard V-1650-1 in der Version P-40F erfolgreich begegnet werden. Doch der in Lizenz hergestellte Antrieb, im Original ein Rolls-Royce Merlin, konnte nicht in der erforderlichen Stückzahl beschafft werden, was die Menge an mit Packard-Motoren ausgestatteten P-40F und L stark beschränkte.

So setzte man notgedrungen weiter auf den 12-Zylinder von Allison, der in der laufenden K-Serie mit einer auf 1325 PS erhöhten Startleistung aufwarten konnte. Ab der K-10 wurde ein um knappe 50 Zentimeter verlängerter Rumpf eingeführt, der auch bei der P-40L-5 Verwendung fand. Die mit dem 1200 PS leistenden Allison V-1710-81 motorisierte P-40N (Kittyhawk IV) sollte schließlich mit 5220 Exemplaren zum meistge-

bauten P-40-Modell avancieren. Ab der P-40N-5 wurde eine neue weniger verstrebte Kabinenverglasung eingeführt, die auch nach hinten für bessere Sicht sorgte.

Als zweisitziges Schulflugzeug brachte Curtiss die TP-40N, die in kleiner Stückzahl gefertigt wurde.

Der Prototyp XP-40Q mit 1425 PS starkem Allison-Motor, abgesenktem Rumpfrücken und tropfenförmiger Kabinenhaube konnte zwar noch mit beachtlichen Leistungen aufwarten, ging jedoch nicht mehr in Serie.

Trotz ständiger Bemühungen der Curtiss-Entwickler blieb die P-40 ein in den meisten Belangen gegenüber den vorherrschenden alliierten und feindlichen Jägern unterlegenes, aber dennoch brauchbares Jagdflugzeug. Bis Dezember 1944 verließen 13738 Exemplare dieses zwar unspektakulären, aber zuverlässigen und soliden Jagdflugzeugs die Werkhallen.

Ernst zu nehmender Gegner: P-40K mit Allison-Triebwerk. Die P-40 hatte eine gute Rollrate und erreichte relativ hohe Geschwindigkeiten – waagerecht wie auch im Sturzflug.

Die P-40 schlägt sich durch

Das Exportmodell Hawk 81A sollte in 230 Exemplaren nach Frankreich geliefert werden, wo bereits das Vorgängermuster Hawk 75A im Einsatz stand. Wegen der frühzeitigen Kapitulation Frankreichs gingen die Maschinen jedoch nach Großbritannien, wo sie unter der

TECHNISCHE DATEN		
Curtiss	**P-40E**	**P-40N-5**
Einsatzzweck	Einsitziger Jäger und Jagdbomber	
Antrieb	Allison	
	V-1710-39	V-1710-81
	V-12-Zylindermotor	
Startleistung	1150 PS	1200 PS
Spannweite	11.35 m	11,35 m
Länge	9.49 m	10,19 m
Höhe	3.22 m	3.76 m
Flügelfläche	21,9 m²	21,9 m²
Leergewicht	2880 kg	2815 kg
Abfluggewicht normal	3756 kg	3780 kg
Höchstgeschwindigkeit	589 km/h	560 km/h in 5000 m
Steigleistung	3000 m in 4,4 min	4270 m in 7,3 min
Reichweite	563 km	554 km (mit Bombe)
mit Zusatztank/s	1529 km	5000 km max.
Dienstgipfelhöhe	8839 m	9450 m
Bewaffnung	6 x MG - 12,7 mm	6 x MG - 12,7 mm
Abwurflast	227 kg	3 x 227 kg

P-40N der 80th FG mit eindrucksvoller Dekoration. Die unter der Maschine hängende Bombe ist mit der Aufschrift „MERRY XMAS TOJO" versehen, einem Gruß an den japanischen Oberbefehlshaber General Tōjō Hideki

Bezeichnung Tomahawk Mk I und II (verbesserte Version) in Dienst gestellt wurden. Für die Kämpfe gegen die deutsche Luftwaffe über Frankreich und Großbritannien wurde die Tomahawk Mk I jedoch als untauglich erachtet. Auf dem nordafrikanischen und später auch italienischen Kriegsschauplatz waren P-40-Jäger jedoch in großer Zahl anzutreffen. Hauptsächlich flogen sie in Einheiten der Royal Air Force (RAF) als Kittyhawk I und II gegen deutsche und italienische Streitkräfte. Dort schlugen sich die Curtiss-Jäger wacker gegen die in den meisten Belangen überlegenen Messerschmitt Bf 109 und Focke-Wulf Fw 190. Selbst die veralteten italienischen Jäger Macchi C.200 und Fiat G.50 erwiesen sich für die Curtiss-Piloten als ernst zu nehmende Gegner. Deren Nachfolgemuster C.202 und G.55 zeigten sich sogar überlegen. Oft wurden P-40 daher zur Erdkampfunterstützung eingesetzt.

Während des Angriffs auf Pearl Harbor schafften es nur wenige US-Jagdflieger, ihre Maschinen in die Luft zu bringen. Darunter auch einige P-40B, die sich den japanischen Angreifern entgegenwarfen. Als böse Überraschung erwies sich der neue japanische Träger-Jäger Mitsubishi A6M Zero, wenngleich der Curtiss-Jäger schneller und, wie sich bald herausstellte, wesentlich unempfindlicher gegen Beschuss war.

Ass der 65th Fighter Squadron „Fighting Cocks" in Nordafrika 1942/43: Major Roy Whittaker in seiner Curtiss P-40F Warhawk, „Miss Fury", die mit den Abschusserfolgen ihres Piloten verziert ist.

Die wohl bekannteste P-40-Einheit war die American Volunteer Group, deren Piloten 1941/42 China gegen die Japaner unterstützten. Als „Flying Tigers" erntete die Gruppe aus Freiwilligen großen Ruhm.

Außer bei den US-amerikanischen und britischen Luftstreitkräften standen P-40 hauptsächlich im Dienste der australischen, neuseeländischen, südafrikanischen und sowjetischen Jäger- und Jagdbombereinheiten, wo sie sich insgesamt durchaus bewährten.

P-40B Warhawk der auf Weeler Feeld stationierten 47th Persuit Squadron. Geflogen wurde sie von 2nd Lt. George Welch, dem während des Angriffs auf Pearl Harbor der Abschuss von drei Stukas D3A sowie einer A6M gelang.

Kittyhawk Mk IA (P-40E) der No 112 Squadron der RAF in Gambut/Libyen 1942, geflogen von Sergeant Pilot H. G. Burney

Kittyhawk Mk III (P-40K) der No 15 Squadron der Royal New Zealand Air Force in Guadalcanal im Frühjahr 1943. Pilotiert wurde der Jäger von Flying Officer G. B. Fisken.

Curtiss P-40L-1, 42-10476, der 319th FS, 325th FG in Tunesien, geflogen von Flight Officer John W Smallsreed, der am 28. Mai 1943 als vermisst gemeldet wurde

Der Mittelmotorjäger P-39 auf einem Erprobungsflug. Die miserable Höhenleistung der Airacobra schränkte ihre Einsatzmöglichkeiten als Jäger stark ein.

DER SONDERLING UNTER DEN JÄGERN

Bell P-39 Airacobra

Bell verließ mit der P-39 die seinerzeit übliche Auslegung einmotoriger Jäger und entschied sich für ein Mittelmotorkonzept mit schwerer Bewaffnung. Das Bugradfahrwerk machte den Sonderstatus der Airacobra perfekt

In das Cockpit der Airacobra, im Bild eine Maschine der RAF, gelangte man recht kommod per Tür, die links und rechts vorhanden war.

Auf den ersten Blick unterscheidet sich die Bell P-39 grundsätzlich kaum von anderen Kolbenmotor-Jägern jener Zeit. Beim genaueren Hinsehen offenbart sich jedoch die Besonderheit an Bells Airacobra: die Lage des Motors. Man verlegte das Aggregat in den Bereich des Schwerpunkts direkt hinter die einsitzige Kabine. Der üblich an der Bugspitze sitzende verstellbare Dreiblatt-propeller wurde über eine drei Meter lange Welle, die zwischen den Beinen des Piloten verlief, angetrieben. Zudem verfügte der neue Jäger über ein Ende der 1930er-Jahre noch rares Bugradfahrwerk. Die P-39 war damit das erste Jagdflugzeug mit Bugrad. Die Sichtverhältnisse beim Rollen sowie Starten und Landen waren dadurch erheblich besser als bei Bugrad-Flugzeugen. Besonderes Augenmerk legte man bei Bell auch auf eine starke Bewaffnung. Neben der Unterbringung des Bugrades ermöglichte das Mittelmotorkonzept einen schlank geformten Vorderrumpf und den Einbau einer besonders schweren Maschinenkanone M4 (T9), Kaliber 37 Millimeter, die durch die hohle Luftschraubenwelle schoss. An Munition standen für die 97 Kilogramm schwere Waffe nur 30 Schuss zur Verfügung. Die Feuerrate lag bei 150 Schuss pro Minute. Die für einen üblichen Jäger ungewöhnlich starke Bewaffnung gehörte genauso zur Ausschreibungsvorgabe des United States Army Air Corps (USAAC) von 1937 wie das Bugrad und der Allison-Motor. Das USAAC forderte einen Zerstörer für große Höhen, der mit seiner starken Bewaffnung die Bekämpfung von feindlichen Bombern bereits außerhalb der Reichweite ihrer Abwehrwaffen ermöglichen sollte.

Schussgewaltig: Ihre starke Bewaffnung prädestinierte die P-39 zur Erdkampfunterstützung, wenngleich die Kanone zum Klemmen neigte.
Fotos (7): US Air Force

Frühe Airacobras der Ausführung P-39C, von der nur 80 Exemplare entstanden. 60 davon wurden zu fronttauglichen P-39D umgebaut.

Ebenfalls im Vorderrumpf untergebracht waren zwei 12,7-mm-Maschinengewehre. Zwei Browning-M-2-MG, Kaliber 7,62 Millimeter, eingebaut in die Tragflächen, rundeten die Bewaffnung der P-39 ab.

Erste Serienfertigung

Die erste Bell P-39, die XP-39, startete am 6. April 1938 erfolgreich zum Erstflug. Es folgte eine Vorserie von 13 YP-39, der sich die Serie P-39C beziehungsweise P-39D 1939 anschloss. Die D-Variante hatte selbst dichtende Treibstofftanks und erhielt zwei weitere 7,62-mm-MG in den Tragflächen. Unter dem Rumpf konnte der Jäger eine 227-kg-Bombe oder einen abwerfbaren Zusatztank mitführen. Angetrieben wurde die Maschine von einem 1150 PS leistenden flüssigkeitsgekühltem Allison V-1710-35 mit einstufigem Lader für Höhen bis etwa 3700 Meter. Ein zweistufiger Lader hätte zwar die gewünschte Höhenleistung gebracht, doch der Einbau wurde als problematisch angesehen, da er nicht in die Zelle integriert werden konnte und somit aerodynamische Nachteile mit sich gebracht hätte.

Den relevanten Serien F, K und M, folgten die in großer Stückzahl gebauten Airacobra-Versionen P-39N und Q, die meistens von einem

Rechts: Das Bugrad bot nicht nur beim Rollen, sondern auch bei Start und Landung erhebliche Vorteile gegenüber der Spornradauslegung.

Blick ins Cockpit einer P-39Q mit nicht mehr ganz vollständigem Armaturenbrett

Rechts: Eine Airacobra der Royal Air Force mit 20-mm-Hispano-Kanone wird aufmunitioniert. Der Mittelmotorjäger konnte die Briten nicht überzeugen. *(RAF)*

1200 PS starken Allison-V-1710-63-Motor angetrieben wurden. Ein Großteil der Q-Reihe war mit zwei 12-mm-MG und je 300 Schuss in Gondeln unter den Tragflächen anstatt der 7,62-mm-MG ausgerüstet, die jedoch vielfach entfernt wurden. Nicht wenige P-39 baute man zu Fotoaufklärern um.

Konträre Einsatzkarriere

Die britische Royal Air Force übernahm Mitte 1941 80 Airacobra Mk IA und setzte diese vorwiegend für Tiefangriffe ein. Zwar hatten die Briten sogar 675 P-39 geordert, doch konnte der speziell mit einer 20-mm-MK und sechs 7,7-mm-MG ausgerüstete Typ nicht überzeugen, was zum raschen Abzug der US-Jäger führte. Zahlreiche für die RAF bestimmte P-39 erhielt die sowjetische Luftwaffe, 128 flogen als P-400 in den USAAF. Die US Army Air Forces setzte die P-39 ab 1942 auf dem pazifischen Kriegsschauplatz gegen Japan ein. Im Vergleich zu den häufig anzutreffenden japanischen Typen A6M und Ki. 43 zeigte die P-39 bis etwa 4000 Meter eine etwas bessere Steigleistung, danach fiel die P-39 jedoch drastisch ab. Aber auch der Kampf mit den wendigen Japanern in geringer Flughöhe war für einen P-39-Piloten ein heikles fliegerisches Unterfangen, auf das er sich besser nicht einließ. Der Einsatz der P-39 als Jäger war daher auf dem pazifischen Kriegsschauplatz wenig sinnvoll. Die Mittelmotor-Maschine eignete sich aufgrund ihrer starken Bewaffnung jedoch

Arbeit unter Palmen: Wartung einer US-amerikanischen P-39D auf einer Pazifikinsel

Die P-39 bewährte sich an der Ostfront ganz ausgezeichnet. Die Sowjetunion erhielt im Rahmen des Pacht-Leihabkommens 4773 Airacobras.

Fedor Shikunov, der Staffelka-pitän des 69. Garde-Jagdflieger-regiments in einer P-39N-1, die seine bisherige Erfolgsbilanz ziert. Shikunov fiel am 15. März 1945.

gut zur Erdkampfunterstützung. Wenn möglich, ersetzte man die eher unbeliebte P-39 in den US Air Forces bald durch die Curtiss P-40, die eine bessere Höhenleistung bot und auch als Jagdbomber gute Dienste leistete.

Ganz anders verhielt es sich dagegen in Europa an der Ostfront, wo 4773 P-39 im Rahmen des Pacht- und Leihabkommens an die sowjeti-schen Luftstreitkräfte geliefert wurden. Luftkämpfe verliefen an der Ost-front oftmals in niedrigen bis mittleren der P-39 entgegenkommenden Höhen ab. Bei den Piloten war der als Kobra oder Bell bezeichnete Jäger beliebt. Zahlreiche sowjetische Jagdflieger erzielten hohe Abschusszahlen in der P-39, die auch mit den mitunter winterlichen Verhältnissen gut zurechtkam. Oftmals handelte es sich sogar um Eliteeinheiten, die mit dem amerikanischen Muster ausgerüstet waren. Der zweiterfolgreichste sowjetische Jagdflieger, Alexander Pokryschkin, erzielte 48 seiner 59 Luft-siege auf Bell P-39.

Weitere Nutzer von P-39 waren ab Mitte 1943 die freien französischen sowie die von September 1943 an aufseiten der Alliierten kämpfenden italienischen Aeronautica Cobelligerante Italiana.

Bis Mai 1944 wurden 9588 P-39 aller Versionen gebaut, die meisten davon der Ausführung P-39N und Q. Für Bell Aircraft stellte die P-39 damit einen großen Erfolg dar. Mit der P-63 von 1943 setzte man die Entwick-lung des Mittelmotorjäger-Konzepts fort.

TECHNISCHE DATEN	
Bell P-39D	
Einsatzzweck:	
Einsitziger Jäger	
Antrieb: Allison V-1710-35	
V-12-Zylindermotor	
Startleistung: 1150 PS	
Spannweite: 10,36 m	
Länge: 9,19 m	
Höhe: 3,61 m	
Flügelfläche: 19,79 m²	
Leergewicht: 2878 kg	
Abfluggewicht: 3403 kg	
Höchstgeschwindigkeit:	
595 km/h in 3650 m	
Anfangssteigleistung:	
792 m/min	
Steigleistung:	
4500 m in 6 min	
Reichweite: 1290 km	
Dienstgipfelhöhe: 9800 m	
Bewaffnung:	
4 x MG – 7,62 mm	
2 x MG – 12,7 mm	
1 x MK – 37 mm	
227 kg Bomben	

Eine von nur 57 für die USAAF
gebauten P-51 (Mustang Mk IA)
mit vier Maschinenkanonen,
Kaliber 20 Millimeter

North American P-51A und A-36 – Mustang Mk I

Mit der P-51 schuf North American ein hochkarätiges Jagdflugzeug. Mangels Höhenleistung war die Mustang vorerst
jedoch nur begrenzt einsetzbar

Zweifelsohne gehörte die North American P-51 Mustang zu den besten Jagdflugzeugen des Zweiten Weltkrieges. Für nicht wenige stand und steht der amerikanische Jäger für das Jagdflugzeug des Zweiten Weltkrieges schlechthin.

In nur 127 Tagen konstruierte und baute das Team um Edgar Schmued den Jagdeinsitzer NA-73X. Am 9. September 1940 stand die künftige P-51 vor den Hallen der North American Aviation Company (NAA) in Inglewood/Kalifornien. Entwickelt wurde sie zu Beginn des Jahres 1940 auf eine britische Anfrage hin. Ursächlich ging es der britischen Kommision um Lizenzbaurechte für die Curtiss P-40. NAA-Präsident Kindelberger versprach, einen besseren Jäger in kürzerer Zeit in Produktion zu bringen, als es dauern würde, eine Fertigungsstraße für die P-40 auf die Beine zu stellen. Mit Werkspilot Vance Breese am Steuer startete die NA-73X am 26. Oktober 1940 zum Jungfernflug. Der moderne Ganzmetall-Entwurf gefiel mit durchwegs guten Flugeigenschaften und sollte von einem durchschnittlichen Flugzeugführer gut zu beherrschen sein.

NA-73X, der erste Prototyp der P-51 Mustang flog erstmals am 26. Oktober 1940.

Innovative Konstruktion

Identisch motorisiert, ermöglichte die NAA-Schöpfung eine der P-40 klar überlegene Geschwindigkeit. Eine Grund für die auffälligen Flug-

Mustang Mk I der britischen Royal Air Force, die den US-Typ als Jäger, Jagdbomber und Aufklärer (im Bild) einsetzte *Foto: RAF*

A-36A der 86th Bombardment Group (Dive). Die Maschine ging am 14. Januar 1944 durch Flakfeuer verloren.

leistungen lag im in Zusammenarbeit mit der NACA (später NASA) entwickelten Laminarprofil der Tragfläche, dessen dickste Stelle wesentlich weiter hinten als bei üblichen Flächenprofilen saß. Dies ermöglichte der P-51 eine hervorragende Leistung in den meisten Geschwindigkeitsbereichen. Außerdem fiel der weit hinten sitzende bauchige Lufteinlass für Öl- und Kühlmittel-Kühler auf, der Teil einer weiteren Innovation war. Die einströmende Luft trat durch eine steuerbare Klappe am Bauchende wieder aus. Durch Erwärmung und Ausdehnung wurde die austretende Luft enorm beschleunigt, was bei hohen Geschwindigkeiten einen beachtlichen zusätzlichen Schub bewirkte. Die einzige Schwachstelle der P-51 tat sich in der Motorisierung auf: Der verwendete Allison V-1710 verlor ab einer Höhe von etwa 3500 Metern erheblich an Leistung. Ob der Typ die Rolle eines klassischen Jägers ausfüllen könnte, schien daher fraglich. Doch war der günstige Allison-Motor Teil der britischen Forderung. Schon im März 1940 hatten die Briten 320 Maschinen bestellt, die die Bezeichnung Mustang Mk I erhielten. Später stockte man auf 620 Exemplare auf.

Der nicht ganz vollständig erhaltene Arbeitsplatz des Piloten einer A-36 *Fotos (4): US Air Force*

A-36A der 86th BG im oliv-grünen Werksanstrich mit hellgrauer Unterseite. Heute zwar vielfach als Apache bezeichnet, wurde die A-36 bei den USAAF meist Mustang genannt (s. auch Foto S. 121 Mitte).

Bewaffnet war die Mk I mit acht Browning-Maschinengewehren, zwei im Rumpf und jeweils drei in den Flächen. Die P-51A hatte dagegen vier MG, Kaliber 12,7 Millimeter, die paarweise eng beieinander in den Flächen unterkamen. Die Ausführung Mustang Mk IA, von der 93 Stück an die RAF geliefert wurden (57 gingen als P-51 an die USAAF), verfügte über zwei 20-mm-Maschinenkanonen anstelle der MG. Unter jedem Flügel konnte eine 227-kg-Bombe mitgeführt werden. Auch ließen sich zur Erhöhung der Reichweite zwei abwerfbare Zusatztanks mitführen.

Apache im Tiefflug

Aufgrund entsprechender Erfahrungen während der Kampfeinsätze in Europa richtete sich die weitere Entwicklung der P-51 auch auf die Nutzung des Typs als Jagdbomber und Tiefangriffsflugzeug zur Unterstützung von Bodentruppen. Heraus kam die im Oktober 1942 erstmals geflogene A-36 Apache (A für Attack – Abgriff). Strukturell verstärkt und ausgestattet mit speziellen hydraulisch betätigten Luftbremsen, war die Apache (auch Invader und Mustang genannt) sogar für Sturzangriffe geeignet, wobei sie sich stabil fliegen und das Ziel gut anvisieren ließ. Bewaffnet war die A-36A mit zwei 12,7-mm-MG im Rumpf und je zwei in den Flächen. Unter die Flügel konnten Bomben und Zusatztanks gehängt werden. Die US-amerikanischen A-36-Einheiten flogen ab Anfang Juni 1943 von Tunesien und später von Italien aus überwiegend recht erfolgreich mehr als 23.000 Einsätze mit Apache-Maschinen.

Erste Einsätze mit britischen Mustang Mk I konnten Ende Juli 1942 geflogen werden. Erwartungsgemäß eigneten sich die Maschinen aufgrund der schwachen Höhenleistung wenig zum Jäger. Als schnelle Fotoaufklärer bewährten sich die ersten britischen Mustangs dagegen.

Die eigentliche Karriere der P-51 als Jagdflugzeug sollte erst ab 1943 mit dem Einbau des Rolls-Royce-Merlin-Triebwerkes ihren Lauf nehmen – ein wahrer Höhenflug.

TECHNISCHE DATEN		
North American	**P-51A (Mk II)**	**A-36A**
Einsatzzweck	Einsitziger Jäger und Jagdbomber	
Antrieb	Allison	Allison
	V-1710-81	V-1710-87
	V-12-Zylindermotor	
Startleistung	1200 PS	1325 PS
Länge	9,83 m	9,83 m
Spannweite	11,28 m	11,28 m
Höhe	3,71 m	3,71 m
Flügelfläche	21,83 m²	21,83 m²
Leergewicht	2918 kg	-
Startgewicht	3900 kg	4535 kg
Höchstgeschwindigkeit	628 km/h	590 km/h
Reichweite max.	670 km	885 km
Dienstgipfelhöhe	9555 m	7650 m
Bewaffnung	4 x MG – 12,7 mm	6 x MG – 12,7 mm
Bombenlast	2 x 227 kg	2 x 227 kg

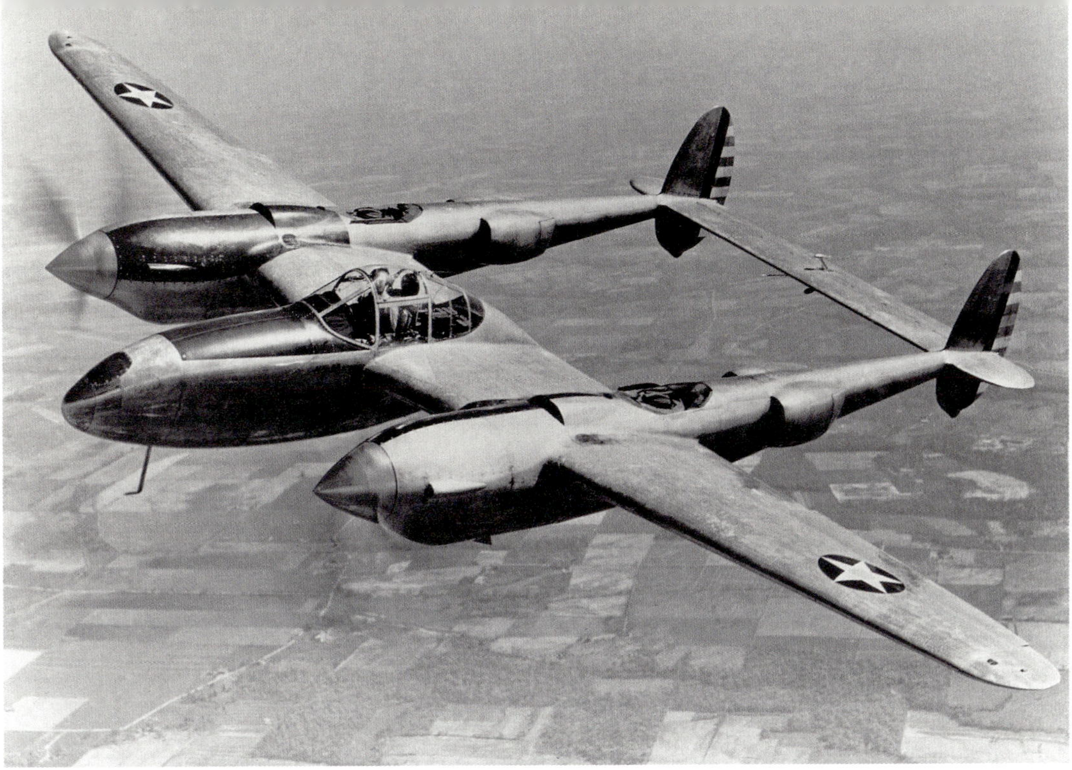

Eine YP-38 während der Testphase. Mit der Lightning gelang Lockheed ein aerodynamisches Glanzstück

ELEGANTER LANGSTRECKENJÄGER

Lockheed P-38 D–F Lightning

Im Januar 1939 präsentierte Lockheed die XP-38. Das extravagante Fluggerät sah aus wie ein Rennflugzeug, war tatsächlich aber der Prototyp eines neuen Höhen- und Langstreckenjägers

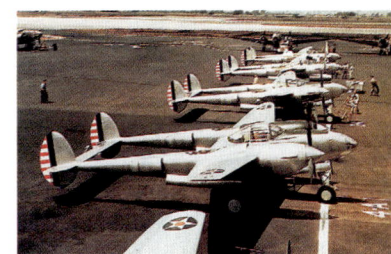

Nagelneue YP-38 bei Lockheed in Burbank/Kalifornien. Waffen sind noch keine installiert.
Fotos: US Air Force

Das US Army Air Corps (USAAC) gab 1937 die Ausschreibung für einen Höhen- und Langstreckenjäger heraus, an der sich auch die Lockheed Aircraft Corporation in Burbank/Kalifornien beteiligte. Bei Lockheed hatte man schon im Vorfeld verschiedene Lösungen für einen zweimotorigen Entwurf skizziert. Das Modell 22 (laut USAAC XP-38) vertrat ein neuartiges Konzept: Zwei Hauptrümpfe, zwei Motoren, ein Doppelleitwerk sowie ein mittig platzierter kurzer Rumpf für den Flugzeugführer, die Bewaffnung und spezielle Ausrüstung. Das Bugradfahrwerk bot sich förmlich an und verbesserte die Sicht am Boden. Der äußerst schlanke Jäger, entstanden unter der Leitung von Hall Hibbard und Clarence „Kelly" Johnson, wurde von zwei je 1150 PS starken Allison-V-12-Motoren mit gegenläufig rotierenden Dreiblattpropellern angetrieben. Den Jungfernflug übernahm Air Corps Testpilot Benjamin Kelsey, der die XP-38 am 27. Januar 1939 erstmals von der Bahn zog. Trotz der Größe flog sich die Maschine relativ handlich. In Sachen Höchstgeschwindigkeit übertraf der Lockheed-Entwurf die gestellten Forderungen um satte 90 km/h, wenngleich noch keine Waffen installiert waren.

Der kurze Rumpf und die beiden Motor- und Leitwerksträger verliehen der P-38 ihr einzigartiges Erscheinungsbild. Aufgrund der großen Reichweite überführte man P-38 auch auf dem Luftweg nach Europa.

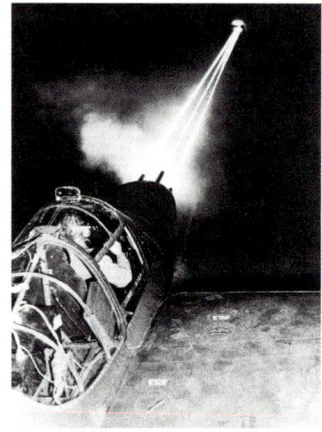

Eine der Stärken der P-38: die gebündelt zentrierte Feuerkraft aus dem Rumpfbug mit oft fataler Wirkung beim Gegner

Lightning Mk I für die Royal Air Force mit gleichdrehenden Luftschrauben und ohne Lader

Auf Rekordflug

Die Schnelligkeit der XP-38 stellte Ben Kelsey am 11. Februar 1939 unter Beweis, indem er in nur 7 Stunden und 2 Minuten reiner Flugzeit mit durchschnittlich 563 km/h und Spitzen von bis zu 665 km/h quer durch die USA raste. Motorprobleme zwangen ihn kurz vor der Landebahn in Mitchel Field zur Notlandung.

Das USAAC orderte zu Testzwecken 13 Vorserienflugzeuge YP-38, die größere Kühler und verbesserte Motoren aufwiesen. Die YP-38 erhielt im Rumpfbug je zwei 7,6- und 12,7-mm-Maschinengewehre sowie eine 37-mm-Bordkanone. Für damalige Verhältnisse stellte dies eine sehr schwere Bewaffnung dar, zumal sie gebündelt angeordnet war. Die ab Frühjahr 1941 laufenden Tests verliefen insgesamt zufriedenstellend. Die Fähigkeit der P-38 im Sturzflug über 900 km/h zu erreichen, brachte wegen der Annäherung an die Schallgeschwindigkeit und dem dabei erheblich ansteigenden aerodynamischen Widerstand, jedoch Kompressibilitäts-Probleme mit sich, deren Lösung man sich bald auch bei der NACA (später NASA) annahm.

Exportversionen und erste Serien

Bereits im Mai 1940 orderten Briten und Franzosen Lockheeds schlanken Jäger. Für die Royal Air Force (RAF) wurden 250 und für die französische Armée de l'air 417 Maschinen bestellt. Die Flugzeuge (Modell 322-B und 322-F) sollten ohne Turbolader (eventuell Ausfuhrverbot) und mit gleichdrehenden Luftschrauben geliefert werden, da die in großer Zahl bestellte Curtiss Hawk 81A (P-40) vom gleichen Motor angetrieben wurde.

Nach Testflügen im August 1941 lehnte die RAF die P-38, genannt Lightning Mk I, ab. Für die Franzosen hatte sich die Sache aufgrund der Kriegslage erledigt.

Die US-Luftwaffe bestellte im Juli 1940 weitere P-38, die Mitte 1941 bei der 1st Pursuit* Group erprobt wurden. Die Versionen A, B und C blieben im Prototypenstadium, noch 1941 ging die P-38D in Serie. Bei den US Army Air Forces hieß das markante Flugzeug inzwischen ebenfalls Lightning. 36 D-Exemplaren folgte die verbesserte P-38E-Serie mit zusätzlicher Panzerung und selbstdichtenden Treibstofftanks. Die Bewaffnung bestand nun aus vier 12,7-mm-Browning-MG mit je 500 und einer 20-mm-Hispano-MK mit 150 Schuss Munition. Aus der E-Variante entstand der Aufklärer P-38F-4-1 mit vier Kameras im Bug. Schon Anfang 1942 rollten die ersten P-38F aus der Fertigungshalle. Für Jagdbomber-Einsätze konnten nun Abwurflasten bis zu 906 Kilogramm unter den Tragflächen gehängt werden. Wahlweise ließen sich auch zwei jeweils 568 Liter fassende abwerfbare Zusatztanks mitführen. Dies ermöglichte Überführungsflüge von rund

P-38F, „Japanese Sandman" mit Zusatztanks unter den Innen-flächen im Einsatz gegen die Japaner im Pazifikraum. Die P-38 löste ab Ende 1942 die P-39 und P-40 ab.

P-38F der 71st Fighter Squadron, 1st Fighter Group, 12th AF, der US Army Air Forces, stationiert in Nordafrika Ende 1942

3000 Kilometer. Stärkere Allison-V-1710-49-53-Triebwerke mit je 1325 PS glichen das höhere Fluggewicht aus. Zur Verbesserung von Wendigkeit und Steigleistung erhielt die P-38F gegen Mitte der Baureihe eine zusätzliche Klappenstellung von acht Grad, auch „combat flaps" genannt. Zur Einwei-sung auf die P-38 wurden einige Maschinen zu Zweisitzern, genannt „piggy-back", umgebaut, wobei der Lehrer sehr beengt hinter dem Piloten saß und keine Steuermöglichkeit hatte. Mit der F-4A-1 wurde aus der P-38F eine Aufklärerversion abgeleitet.

Kriegseinsatz

Ins Kriegsgeschehen griffen Lightnings erstmals ab April 1942 als Aufklärer im Gebiet von Neuguinea im Kampf gegen Japan ein. Ab Mai 1942 verstärkten P-38E die Lage auf den fernen Aleuten. Im Juli 1942 trafen die ersten P-38-Jäger in Großbritannien ein und im November 1942 auch in Nord-afrika. Eine an der isländischen Küste operierende deutsche Focke-Wulf Fw 200 war am 14. August 1942 der erste US-amerikanische Luftsieger auf dem europäischen Kriegsschauplatz – ge-meinschaftlich errungen von einem P-40- und P-38-Piloten. Wenngleich die Lightning in den meisten Höhen schneller war, erwies sie sich den deut-schen Jägern Bf 109 und Fw 190 insge-samt als unterlegen. Gegen die japanische Zero spielten Flughöhe und Geschwindigkeit eine große Rolle. Besonders in großen Höhen war die P-38 im Kampfeinsatz nicht einfach zu beherrschen, zumal viele US-Piloten über keine oder nur wenig Kampferfah-rung verfügten. Ihrer großen Reichweite wegen sah man die P-38 1943 als Begleitjäger für Bombereinsätze über Deutschland vor.

* Die Bezeichnung Pursuit für Verfolgungsjäger war bis 12. Mai 1942 gebräuchlich, danach Fighter für Jäger.

TECHNISCHE DATEN		
Lockheed	**P-38D**	**P-38F**
Einsatzzweck	Langstreckenjäger und Jagdbomber	
Antrieb	2 x Allison V-1710-27/29	2 x Allison V-1710-49/53
Leistung	2 x 1150 PS	2 x 1325 PS
Spannweite	15.85 m	15.85 m
Länge	11.53 m	11.53 m
Höhe	3,00 m	3,00 m
Flügelfläche	30,43 m²	30,43 m²
Leergewicht:	5336 kg	5556 kg
Abfluggewicht (max.)	6550 (7022) kg	7203 (8154) kg
Höchstgeschwindigkeit	625 km/h	635 km/h
Steigleistung	6000 m in 8 min	6000 m in 8,8 min
Reichweite	650 - 1600 km	550 - 3050 km
Gipfelhöhe	11.900 m	11.900 m
Bewaffnung	4 x MG - 12,7 mm	4 x MG - 12,7 mm
	1 x MK - 37 mm	1 x MK - 20 mm
Abwurflast	keine	bis 906 kg

Japan

Als Inselstaat verfügte Japan über eine besonders starke Flotte. Besonders die Flugzeugträger spielten in Japans aggressiven Expansionsplanungen eine tragende Rolle. Mit dem Angriff japanischer Kampfflugzeuge auf den US-Flottenstützpunkt Pearl Harbor am 7. Dezember 1941 weiteten sich die Kampfhandlungen in Europa zum Weltkrieg aus.

Mit der A6M Zero-sen verfügten die erstklassig ausgebildeten japanischen Marine-Jagdflieger über einen Topjäger, dem die Alliierten nichts Vergleichbares entgegenzusetzen hatten. An Land lehrte die Hayabusa der Heeresflieger ihre amerikanischen und britischen Gegner das Fürchten.

Den enormen Erfolgen der ersten Monate folgte bald schon die Ernüchterung. Japans Plan war nicht aufgegangen. Zwar hatten die Luftwaffen der Kolonialmächte den Japanern wenig entgegenzusetzen, doch erwiesen sich die US-Flieger als äußerst zähe und starke Gegner.

Mitsubishi A6M2 der japanischen Marine-Flieger, die nach dem Verlust der meisten Träger bereits 1942 immer öfter von Landbasen aus eingesetzt wurden

Die Mitsubishi A5M (Typ 96 trägergestütztes Jagdflugzeug) gehörte zu den besten Jagdeinsitzern ihrer Zeit.

Die Jagdflieger Masao und Asai Masao Sato vor einer A5M an Bord des Flugzeugträgers Akagi 1938/39

ERSTER SEINER KLASSE
Mitsubishi A5M

Bis zum Erscheinen der A6M bestimmte Mitsubishis bewährte A5M das Jägerbild auf den Kaiserlich Japanischen Flugzeugträgern

Für den Einsatz von Flugzeugträgern gab die Kaiserlich Japanische Marine 1934 die Entwicklung eines neuen Jägers in Auftrag. Die Wahl fiel auf den Ganzmetall-Entwurf von Mitsubishi, der als Ka-14 am 4. Februar 1935 zum Jungfernflug startete und die Anforderungen der Marine sogar übertraf. Auffällig am ersten Prototyp waren seine stark geknickten Flügel, die jedoch nicht in die Serie übernommen wurden. Mit dem nun A5M genannten, 1936 eingeführten Jäger verfügte Japan über das weltweit erste Eindecker-Jagdflugzeug für den Trägereinsatz.

Den Antrieb besorgte ein Nakajima-Kotobuki-Sternmotor (Lizenzbau des britischen Bristol Jupiter), der in der A5M1 585 PS und in seiner stärksten Ausführung in der A5M4 785 PS leistete. Die Bewaffnung mit zwei im Rumpf montierten Maschinengewehren Typ 89, Kaliber 7,7 mm, war typisch für einmotorige Jäger der 1930er Jahre.

Im scharfen Einsatz bewährte sich die A5M, die den alliierten Codenamen „Claude" erhielt, im Krieg gegen China ab 1937 ausgezeichnet und bot auch der sowjetischen Polikarpow I-16 Paroli. Die A5M war gut zu fliegen, äußerst wendig, steigfreudig und robust. Im Zweiten Weltkrieg kamen A5M4 vereinzelt noch bis Mai 1942 zum Einsatz, verschwanden dann aber aus den Frontverbänden.

Gebaut von drei verschiedenen Herstellern, entstanden insgesamt 1094 A5M, darunter 103 Exemplare der zweisitzigen Schulversion A5M4-K.

TECHNISCHE DATEN

Mitsubishi A5M4
Einsatzzweck:
Einsitziger Jäger
Antrieb:
Nakajima Kotobuki 41KAI
9-Zylinder-Sternmotor
Startleistung: 785 PS
Länge: 7,55 m
Spannweite: 11,00 m
Höhe: 3,20 m
Flügelfläche: 17,80 m²
Leergewicht: 1216 kg
Startgewicht max.: 1822 kg
Höchstgeschwindigkeit:
440 km/h in 3660 m
Steigleistung: 14 m/sec
Reichweite max.: 1200 km
Dienstgipfelhöhe: 9800 m
Bewaffnung: 2 × MG - 7,7 mm
60 kg Bombenlast

1942 beherrschten die Zero-Jäger den Himmel über den Weiten des Pazifiks, im Bild eine A6M3 Modell 22.

A6M2 an Bord des Flugzeug-trägers Akagi am 7. Dezember 1941, dem Tag des Angriffs auf den US-Flottenstützpunkt Pearl Harbor

Mitsubishi A6M1–3

Als Zero erlangte die Mitsubishi A6M Berühmtheit. In den ersten Monaten nach dem Überfall auf Pearl Harbor am 7. Dezember 1941 wurde der agile Jäger zum blanken Albtraum der US-Jagdflieger

D ie ersten Begegnungen US-amerikanischer Jagdflieger mit der Mitsubishi A6M endeten für die Amerikaner desaströs. Bei den US Air Forces hatte man keine Ahnung von der japanischen Jagd-maschine, die die US-Jäger schlicht deklassierte. Schnell eilte der Zero (von Typ 0) der Ruf des Wunderjägers voraus.

Entwicklung im Verborgenen

Mitte Mai 1937 gab die Kaiserlich Japanische Marine die Spezifikation 12 Shi* für den Nachfolger des Träger-gestützten Jägers A5M heraus. Bei Mitsubishi entwickelte die Mannschaft um Chefkonstrukteur Jiro Horikoshi den Prototyp A6M1, eine moderne, frei tragende Ganzmetall-Konstruktion. Typisch für japanische Flugzeuge war der Antrieb mittels robustem, luftgekühltem Sternmotor. Im Falle der A6M1 übernahm dies ein 780 PS starker Mitsubishi Zuisei 13, der den Jäger am 1. April 1939 zum Erstflug aufsteigen ließ. Der neue Typ zeigte hervorragende Flug-eigenschaften. Besonders hinsichtlich der Höchstgeschwindigkeit blieb die A6M1 mit 500 km/h jedoch noch etwas hinter den 12-Shi-Forderun-gen zurück. Dies änderte sich mit dem Einbau des 950 PS leistenden Nakajima Sakae 12 im Januar 1940. Nun wirkte das Flugzeug, jetzt A6M2** genannt, perfekt: Es war leicht, schnell, sehr wendig und dabei ausgezeichnet zu fliegen. Auch die Bewaffnung konnte sich sehen lassen:

Oben: A6M2 und (hinten) Sturz-kampfbomber D3A auf der Zuikaku im Mai 1942 während der Kämpfe im Korallenmeer. Für den Trägereinsatz war die A6M mit einem Fanghaken am Heck ausgerüstet.

Links: 1942 ein äußerst begehrtes Beutestück: die auf den Aleuten notgelandete A6M2 von Tadayoshi Koga, die in den USA wieder aufgebaut worden war und half, den „Wunderjäger" zu entzaubern Foto: US Air Force

zwei Maschinengewehre, Kaliber 7,7 Millimeter, oberhalb des Motors sowie zwei 20-mm-Kanonen in den Flächen. So ging der Träger-Jäger Typ 0, Modell 11**, in geringer Stückzahl 1940 bevorzugt in Produktion. Kurz darauf folgte das Modell 21 mit klappbaren Flügelspitzen, was die Unterbringung auf Flugzeugträgern erleichterte.

Zur Pilotenschulung entwarf Mitsubishi ein zweisitziges Modell, die A6M2-K.

Im Frühjahr 1942 begann die Fertigung der A6M3 Modell 32 mit 1130-PS-Sakae-21-Motor und erhöhtem Munitionsvorrat. Im Vergleich zu den vorangegangenen Modellen kürzte man die Tragflächen um jeweils etwa 50 Zentimeter. Dies verhalf dem Jäger zu einer besseren Rollrate und höherer Sturzgeschwindigkeit, verschlechterte aber die Wendigkeit und Steigleistung. Die A6M3 Modell 22 flog dagegen mit den bisherigen Flächen und wies eine erhöhte Reichweite auf.

Von der Schulversion A6M2-K wurde etwa 500 Exemplare gebaut.

Reger Betrieb: A6M2 Modell 21
auf einem typischen Flugfeld
1942

A6M3 mit 1130 PS starkem
Sakae-21-Doppelsternmotor
und veränderter Motorhaube

Die Kanzel einer A6M2. Es fehlen
jedoch die beiden MG, die bis in
die Kabine ragten.
Foto: US Air Force

327 Exemplare wurden bei Nakajima von der A6M2-N gebaut, eine mit Schwimmern ausgerüstete Variante der A6M. Bedingt durch die Schwimmkörper sanken zwar die Leistungen beträchtlich, doch war der mit Bomben bestückbare Jäger und Aufklärer dadurch sehr variabel einsetzbar.

Eine Klasse für sich

Obwohl die später als Zero legendär gewordene A6M bereits seit November 1940 offiziell bei den Kaiserlich Japanischen Marine-Luftstreitkräften im Einsatz stand, war der Jäger im Dezember 1941 in den USA weitgehend unbekannt. Offensichtlich hatten die Verantwortlichen in den USA die Entwicklung des neuen japanischen Typs verschlafen. Denn schon Mitte 1940 waren 15 Vorserienexemplare der Jagdmaschine in die Mandschurei geschickt worden, um sie im dort tobenden Krieg gegen

---

* 12 Shi = im Rahmen des 12 Shi-Programmes, wobei die 12 auf das 12. Jahr der Regentschaft von Kaiser Hirohito hinweist.
** Das Kürzel A6M2 Modell 11 Rei-sen bedeutet: A = trägerstartfähiger Jäger, 6 = der sechste Trägertyp von Mitsubishi, M = Mitsubishi, 2 = es handelt sich um die zweite Hauptversion des Typs. Ergänzt wurde dies durch Untertypen wie Modell 11 oder 21.
Rei Sentoki (Rei-sen) = Typ 0 Jäger, wobei die 0 für das Jahr steht, in dem das Flugzeugs in Dienst gestellt wurde – in Japan das Jahr 2600 (1940)

A6M2 Modell 21 des Flugzeugträgers Hiryu. Die BII-101 gehörte zur ersten Angriffswelle, die am 7. Dezember 1941 gegen Pearl Harbor startete. Geflogen wurde sie von Leutnant Kiokuma Okajima.

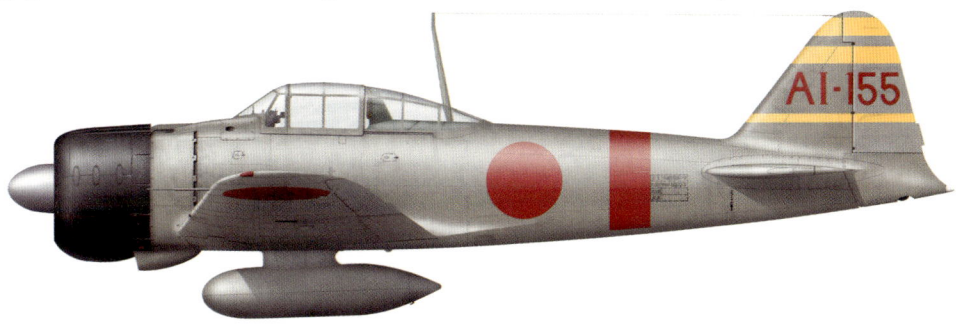

A6M2 der 1. Trägerdivision auf der Akagi, eingesetzt während des Angriffs auf Pearl Harbor, geflogen von Fregattenkapitän Shigeru Itaya

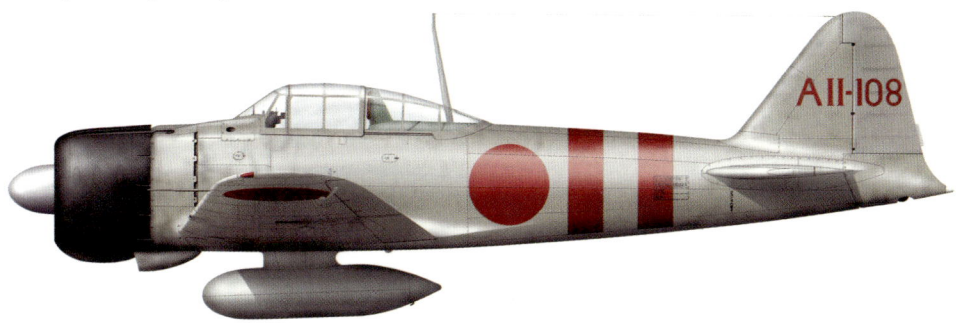

A6M2 Modell 21 des Flugzeugträgers Kaga (zwei rote Rumpfstreifen) im Dezember 1941

A6M2 Modell 21, Tainan Kokutai, Februar 1942 auf Bali. Pilot der V-103 war Saburo Sakai.
In 200 Luftkämpfen verlor er weder einen Rottenflieger noch ein einziges Flugzeug.

Wegen der oft langen Flugstrecken war die A6M meist mit einem abwerfbaren Zusatztank ausgerüstet, der eine Reichweite von über 3000 Kilometern ermöglichte.

Unteroffizier Saburo Sakai in seiner Rei-sen. Er war bis zu seiner schweren Verwundung am 7. August 1942 mit 58 Luftsiegen der erfolgreichste japanische Jagdflieger. Bis Kriegsende erzielte er mindestens 64 Abschüsse.

China im scharfen Einsatz zu erproben. Eindrucksvoll bewies die stark bewaffnete A6M Rei-sen* (auch Zero-sen) bereits beim ersten Aufeinandertreffen mit Polikarpow I-16, I-152 und I-153 der chinesischen Luftwaffe ihre Qualitäten: Innerhalb von zehn Minuten schossen 13 A6M2 22 der 27 Feindmaschinen ab. Die restlichen fünf wurden von ihren Piloten aufgegeben oder stießen zusammen. Auch die warnenden Berichte von Captain Claire Lee Chennault, dem Begründer der in China operierenden US-Freiwilligen-Truppe „Flying Tigers", fanden in den USA nicht die nötige Aufmerksamkeit. Dort hielt man die Berichte über einen auffallend leistungsstarken japanischen Jäger für übertrieben. Man traute den Japanern die Entwicklung eines solches Flugzeugs schlicht nicht zu.

Mit der A6M flogen die japanischen Jagdflieger 1941/42 das zweifelsohne beste Jagdflugzeug auf dem pazifischen Kriegsschauplatz. Doch die Zero hatte nicht nur Stärken. Die sehr wendige und steigfreudige Zeke, so der alliierte Codename, geriet mangels selbstdichtender Treibstofftanks sehr leicht in Brand und wies zum Leidwesen ihrer Piloten keine Panzerung auf. Außerdem war ihre Sturzfähigkeit nur durchschnittlich, und die Manövrierfähigkeit nahm über 400 km/h stark ab. Die Schwächen der Zero blieben den alliierten Jagdfliegern nicht verborgen, was zu speziellen Kampftaktiken führte. Langsam begann der Mythos des „Wunderjägers" zu bröckeln. Nach dem Verlust des Großteils der japanischen Flugzeugträger Anfang Juni 1942 bei der Schlacht um Midway verlagerten sich die Einsatzplätze der Marine-Flieger zusehends auf landgestützte Basen.

TECHNISCHE DATEN		
Mitsubishi	**A6M2 Modell 21**	**A6M3 Modell 32**
Einsatzzweck	Einsitziger trägergestützter Jäger	
Antrieb	Nakajima Sakae 12	Sakae 21
	14-Zylinder-Doppelsternmotor	
Startleistung	940 PS	1130 PS
Länge	9,06 m	9,06 m
Spannweite	12,00 m	11,02 m
Höhe	3,05 m	3,05 m
Flügelfläche	22,44 m²	21,55 m²
Leergewicht	1680 kg	1773 kg
Startgewicht	2410 kg	2335 kg
Höchstgeschwindigkeit	535 km/h in 4550 m	545 km/h
Anfangssteigleistung	15,7 m/sec	14,0 m/sec
Reichweite max.	3100 km (Zusatztank)	3200 km
Dienstgipfelhöhe	10.700 m	11.050 m
Bewaffnung	2 × MG – 7,7 mm	2 × MG – 7,7 mm
	2 x MK – 20 mm	2 x MK – 20 mm
Bombenlast 2b/3b	2 x 60 kg	2 x 60 kg

Im Krieg gegen China stellten die sehr gut ausgebildeten japanischen Piloten die Qualitäten der wendigen Ki.27 eindrucksvoll unter Beweis.

Dem Anschein nach glimpflich abgegangen: Kopfstand einer Ki.27

AGILER LANDJÄGER

Nakajima Ki.27

Als ausschließlich landgestütztes Gegenstück zur A5M flog die Ki.27 bei der japanischen Heeresluftwaffe – mit makellosem Ruf

Das Jagdflugzeug Typ 97, die Nakajima Ki.27, kam von 1937 bis 1942 bei der Kaiserlich Japanischen Heeresluftwaffe zum Einsatz. Der am 15. Oktober 1936 zum ersten Mal geflogene Jagdeinsitzer löste dort die Kawasaki Ki.10 als Standardjäger ab. Trotz seines festen Fahrgestells erreichte der nur 7,5 Meter lange und sehr leichte Tiefdecker eine Höchstgeschwindigkeit von 470 km/h. Zudem ließ sich die Ki.27 gut fliegen, stieg schnell und glänzte mit ausgezeichneter Manövrierfähigkeit. Lediglich zwei im Rumpf montierte Maschinengewehre erwiesen sich allerdings als zu schwach, um insbesondere gegen Bomber die gewünschte Wirkung zu zeigen. Unter die Tragflächen der Ki.27b konnten zudem vier 25-kg-Bomben gehängt werden. Typisch für diese Zeit: Der Tiefdecker hatte weder eine Panzerung noch selbst dichtende Treibstofftanks.

Im Laufe des Zweiten Japanisch-Chinesischen Krieges zeigten sich die Ki.27 den sowjetischen I-153 und I-16 als überlegen. Gegen die neuesten britischen und US-amerikanischen Typen wie die Hurricane oder P-40 (Hawk 81A) konnten sich die japanischen Jagdflieger in ihren Ki.27 (alliierter Codename „Nate") jedoch kaum mehr behaupten, sie war inzwischen zu langsam. Mit der Ki.43 kam 1941/42 die Ablösung. 3368 Exemplare wurden von der Ki.27 gebaut, die auch von den Luftstreitkräften von Thailand und Mandschukuo geflogen wurden.

TECHNISCHE DATEN
Nakajima Ki.27b
Einsatzzweck:
Einsitziger Jäger
Antrieb:
Nakajima Ha-1 Ots
9-Zylinder-Sternmotor
Startleistung: 785 PS
Länge: 7,53 m
Spannweite: 11,31 m
Höhe: 3,28 m
Flügelfläche: 18,56 m²
Leergewicht: 1110 kg
Startgewicht (max.):
1547 (1790) kg
Höchstgeschwindigkeit:
470 km/h in 3660 m
Steigleistung: 15,3 m/sec
Reichweite: 630 km
Dienstgipfelhöhe: 12.250 m
Bewaffnung:
2 × MG - 7,7 mm oder
je 1 x MG - 7,7 und 12,7 mm
100 kg Bombenlast

Die Ki.43 Hayabusa prägte jahrelang das Jägerbild in der japanischen Heeresluftwaffe.

Kurz vor dem Start: Während der Motor warmläuft, besteigt ein Jagdflieger seine Ki.43.

DAS KUNSTFLUGZEUG UNTER DEN JÄGERN
Nakajima Ki.43 Hayabusa

Bei Kriegsbeginn trafen die alliierten Flieger neben der Zero auf einen weiteren hochkarätigen japanischen Jäger. Nakajimas Hayabusa bestach vor allem durch ihre unglaubliche Manövrierfähigkeit

Ungleich weniger bekannt als Mitsubishis A6M, die berühmte Zero, ist bis heute die ebenfalls den ganzen Krieg hindurch im Einsatz gebliebene Nakajima Ki.43 Hayabusa (Wanderfalke).
Der schlanke Jäger startete Anfang 1939 zum Jungfernflug und kam ab Anfang 1941 in die Serienfertigung. Letztlich sollte sich die Ki. 43 mit über 5900 Exemplaren zum meistproduzierten Flugzeug der japanischen Heeresluftwaffe mausern.
Die Entwicklung der Ki.43 begann 1937 mit der Forderung der Kaiserlich Japanischen Heeresluftwaffe nach einem Nachfolgemuster für die Nakajima Ki.27.
Nach erheblichen Umbaumaßnahmen am Prototypen mit letztlich befriedigendem Ergebnis kam es zum Bau von zehn Vorserienflugzeugen und der anschließenden weiteren Erprobung. Anfang 1941 ging die komplett aus Metall gefertigte sauber geschnittene Jagdmaschine als Ki.43 Ia in Serie. Die Bewaffnung des Jägers bestand, wie laut Ausschreibung gefordert, lediglich aus zwei über dem Motor installierten Maschinengewehren Typ 97, Kaliber 7,7, mit je 250 Schuss Munition. Diesbezüglich aufgewertet erschien die Ki.43 Ib, bei der eines der 7,7-mm-MG durch ein 12,7-mm-MG Ho.103 ersetzt wurde. Die Version Ki.43 Ic erhielt dagegen zwei der schweren Maschinengewehre. Es folgte im Dezember 1941 die Ki.43 II mit dem 1130 PS leistenden Ha.115. Mit zwei 250-kg-

Eine frühe Hayabusa im typischen grüngrauen Tarnkleid. Der Typ war das Gegensück zur A6M der Marineflieger.

Bomben bestückt, konnte die Ki.43 IIa zu Jagdbombereinsätzen herangezogen werden. Während die Ki.43 IIb eine Funkausrüstung erhielt, kam in der nächsten großen Baureihe, der Ki.43 III, nochmals ein stärkerer Motor, ein Ha.115 II mit 1230 PS, zum Einbau. Zur Verlängerung der Reichweite konnten zwei Zusatzbehälter unter die Innenflächen gehängt werden. Waffentechnisch rüstete Nakajima bei der Ki.43 IIIb nochmals nach, indem man sie mit zwei 20-mm-Kanonen ausstattete.

Satoshi Anabuki gilt als erfolgreichster Pilot der Kaiserlich Japanischen Heeresluftstreitkräfte. Die meisten seiner 39 Luftsiege erzielte er auf der Ki.43 Hayabusa.

Ein wunderbares Flugzeug

Im Oktober 1941 traten die ersten Hayabusa ihren Dienst bei den Heeres-Jagdfliegern an. Die jungen Piloten waren von der Ki.43 begeistert, da sie hervorragende Flugeigenschaften besaß und sich leicht fliegen ließ. Praktisch war die Hayabusa, wie auch die A6M, ein großartiges Kunstflugzeug. Die hervorragende Wendigkeit der Ki.43 im unteren bis mittleren Geschwindigkeitsbereich erreichte Mitsubishi durch den Einbau spezieller Klappen, die auch als Landehilfen funktionierten. Die Einsatztauglichkeit als Jäger schmälerte schon zu Beginn des Krieges vor allem die unzureichende Bewaffnung der Hayabusa. Um Gewicht zu sparen, verfügte die Ki.43 zunächst auch über keinerlei Panzerung für den Piloten oder den Motor. Selbstdichtende Kraftstoffbehälter fehlten ebenfalls. Unter letzterem Makel litten zu Kriegsbeginn allerdings auch US-Flugzeuge. Alliierte Jagdflieger berichteten diesbezüglich über die äußerst agile Ki.43: Die Hayabusa war zwar schwer zu treffen, doch wenn man eine erwischte, brannte sie oft sehr leicht oder brach auseinander. Bei Nakajima reagierte man und baute bald auch in die Ki.43 Panzerplatten und geschützte Tanks ein.

US-Soldaten er- und bekunden eine liegengebliebene Ki.43.

Gemischte Fronterfahrungen

Anfangs oftmals noch mit der A6M verwechselt, konnte sich die Ki.43, die den alliierten Kodenamen Oskar trug, 1942 gut gegen die gängigen alliierten Jäger behaupten, wozu in Burma, Singapore, Ceylon und

Fliegerisch war die Nakajima Ki.43 ein Traum Der leichte Jäger beschleunigte und stieg gut. Außerdem war die Hayabusa derart wendig, dass sich mit ihr selbst die Zero auskurven ließ.

Rechts: Startbereite Hayabusa mit gesprenkeltem Oberseitenanstrich. Der Ähnlichkeit mit der Zero wegen verwechselten viele alliierte Flieger die beiden Jäger in der ersten Zeit.

Von US-Truppen erbeutete und zu Test- und Vergleichsflügen herangezogene Hayabusa

Niederländisch Ostindien (Indonesien) auch die britische Hawker Hurricane gehörte, von denen so manche einer Ki.43 zum Opfer fiel. Die belgische Luftwaffe setzte die Buffalo ein, die dem japanischen Heeres-Jäger nicht gewachsen war.

Zwar hinsichtlich Manövrierfähigkeit allen alliierten Typen und sogar der Zero überlegen, mangelte es der Ki.43 mit Fortschreiten des Krieges an Geschwindigkeit. Selbst der Nakajima Ha.115 in der Ki.43 II beschleunigte den Jäger nur auf maximal 530 km/h. Die letzte Version Ki.43 III von 1944 kam immerhin auf 575 km/h.

Vom Jäger zum Gejagten

Mit dem Erscheinen der neuen Marine-Jäger Grumman F6F Hellcat und Chance Vought F4U Corsair Ende 1942, Anfang 1943 wurde die Lage für die Ki.43-Piloten prekär. Die F6F und F4U deklassierten die einst so glorreiche Zero genau wie die Hayabusa. Ebenfalls gegen Ende 1942 kam die Lockheed P-38 hinzu. Zwar viel größer und weit weniger wendig als die Ki.43, stellte die schnelle P-38 gerade in größeren Höhen einen sehr ernsten Gegner dar. Zumal die US-Jagdflieger ihre Vorteile zu nutzen

Ki.43 I Hayabusa der 2. Chutai, 64. Sentai, Malaysia im März 1942. Die Unterseite des Jägers war nicht lackiert.

Ki.43 I Hayabusa der 3. Chutai, 1. Sentai, stationiert im Sommer 1942 in Akeno/Japan zur Heimatverteidigung

Ki.43 I Hayabusa der 3. Chutai, 1. Sentai, stationiert in Burma im Herbst 1942

Nakajima Ki. 43 I Hayabusa, 2. Chutai, 50. Hiko-Sentai, Burma 1942. Pilot war Chikara Kotanigawa, der am 15. Dezember 1942 nach Baumwipfelkontakt notlanden musste und in Gefangenschaft geriet.

Nakajima Ki.43 IIb

Einsatzzweck:	Einsitziger Jäger
Antrieb:	Nakajima Ha.115 14-Zylinder-Doppelstern-motor
Startleistung:	1150 PS
Spannweite:	10,84 m
Länge:	8,92 m
Höhe:	3,27 m
Flügelfläche:	21,40 m²
Leergewicht:	1910 kg
Abfluggewicht normal	2590 kg
Abfluggewicht max.:	2925 kg
Höchstgeschwindigkeit:	530 km/h in 4000 m
Anfangssteigleistung:	1190 m/min
Steigleistung:	5000 m in 5,8 min
Reichweite:	1760 km
Dienstgipfelhöhe:	11.200 m
Bewaffnung:	2 x MG - 12,7 mm
	500 kg Bombenlast (IIa)

Zwei abwerfbare jeweils 170 Liter fassende Zusatztanks unter den Flächen ermöglichten respektable Reichweiten.

Mit Fortschreiten des Krieges ein immer häufigeres Bild: eine liegen gebliebene, unklare Hayabusa

Lange Einsatzzeit: Ki.43 der chinesischen Luftwaffe, die etliche dieser Muster bis in die 1950er Jahre in Dienst hatte

verstanden und die der Hayabusa zu meiden versuchten. So sahen sich die japanischen Jagdflieger ab Ende 1942 nun ihrerseits einem klar überlegenen Feind gegenüber.

Dennoch gelangen zahlreichen japanischen Jagdfliegern auch über das Jahr 1942 hinaus bemerkenswerte Erfolge mit der Ki.43. In den Händen eines erfahrenen Jagdfliegers blieb die Hayabusa nach wie vor eine überaus gefährliche Waffe. Fast alle Jäger-Asse der Kaiserlich Japanischen Heeresluftwaffe erzielten den Großteil ihrer Luftsiege auf Ki.43. Auch der erfolgreichste Jagdflieger unter den Heerespiloten, Satoshi Anabuki, errang die meisten seiner 39 Luftsiege mit Hayabusa-Jägern.

Wegen ihrer ausgesprochen guten Flugeigenschaften und ihres einfach herzustellenden anspruchslosen Motors blieb die Ki.43 bis Kriegsende in der Fertigung. Nicht wenige Ki.43 wurden zu Kamikaze-Einsätzen verwendet.

Nakajima brachte mit der bulligen Ki. 44 zwar eine grundsätzlich leistungsstarke Jagdmaschine, doch fehlte es dem Jäger an der nötigen Höhenleistung und Bewaffnung gegen hoch einfliegende viermotorige US-Bomber.

Einblick in die moderne Ganzmetall-Schalenbauweise einer Ki. 44

DER AUFGABE NICHT GEWACHSEN
Nakajima Ki.44 Shōki

Mit der Ki-44 erschien 1941/42 eine reinrassige Jagdmaschine, die sich zwar den US-Jägern als gewachsen und
teilweise überlegen zeigte. Schwierigkeiten bereiteten den
Ki. 44-Piloten dagegen die schweren US-Bomber

TECHNISCHE DATEN

Nakajima Ki. 44 II (Ki. 44 IIb)
Einsatzzweck:
Einsitziger Jäger
Antrieb: Nakajima Ha-109
14-Zyl.-Doppelsternmotor
Startleistung: 1520 PS
Länge: 8,84 m
Spannweite: 9,54 m
Höhe: 3,12 m
Flügelfläche: 15,00 m²
Leergewicht: 2106 kg
Startgewicht: 2764 kg
Höchstgeschwindigkeit:
605 km/h in 5200 m
Steigleistung:
5000 m in 4,3 min
Reichweite max.: 1700 km
Dienstgipfelhöhe: 11.200 m
Bewaffnung:
2 - 4 x MG - 12,7 mm
(2 x MG - 12,7 mm + 2 x MK –
40 mm)
250 kg Abwurflast

Ende 1941 trafen amerikanische Flieger auf ein neues japanisches Jagdflugzeug, das mit auffallend guten Flugleistungen für Aufmerksamkeit
sorgte. Es handelte sich um das Folgemuster der Ki. 43, die Nakajima
Ki. 44 Shoki (Dämon) der japanischen Heeresluftwaffe. Der aerodynamisch sauber gestaltete Ganzmetall-Entwurf war im August 1940 erstmals
geflogen. Angetrieben wurde die Ki. 44 notgedrungen von einem im
Durchmesser etwas zu großen Doppelsternmotor, der ansonsten in Bombern verbaut war und der Ki. 44 ihre wuchtige Frontpartie verleiht.
Zwar zeigte sich die ab 1942 in nennenswerter Zahl eingesetzte Ki. 44,
alliierter Kodename Tojo, den US-Jägern als gewachsen und insbesondere
in der Manövrierfähigkeit überlegen. Doch für den zunehmend dringli-
cher werdenden Einsatz in großen Höhen war die Ki. 44 nur bedingt geeignet. Hauptmanko der japanischen Flugzeuge war generell der Mangel
an leistungsfähigen Höhenmotoren. Die Bewaffnung des gut 600 km/h
schnellen Jägers mit zunächst je zwei Maschinengewehren, Kaliber 7,7
und 12,7 Millimeter, reichte zwar gegen Jäger aus. Zur Bekämpfung von
viermotorigen Bombern war diese jedoch unzureichend. Einige Ki. 44
(Otsu/IIb) konnten daher später mit zwei 40-Millimeter-Kanonen ausgerüstet werden, die jedoch nur auf sehr kurze Entfernung funktionierten
und sich nicht bewährten.
Die an sich fliegerisch gute Ki. 44 befriedigte insgesamt nicht. Auch arbeitete man bei Nakajima seit Anfang 1942 an der wesentlich leistungsfähigeren Ki. 84. So entstanden bis 1944 lediglich 1227 Exemplare der Ki. 44.

Messerschmitt Bf 109 E-3 der I. Gruppe des JG 1 im bis Ende 1939 üblichen Segmentsichtschutzanstrich aus den RLM-Farben 70/71/65

Da von der Focke-Wulf Fw 187 nur wenige Exemplare entstanden, schaffte es der Zerstörer und schwere Jäger nicht in dieses Buches. Dennoch oder gerade deshalb taucht die Konkurrenzentwicklung zur Bf 110 hier auf. Dargestellt ist eine von fünf Fw 187 A-0, die 1940 kurzzeitig in der Industrieschutzstaffel von Focke-Wulf flog. Frontpiloten hielten die Fw 187 für wesentlich leistungsfähiger, wendiger und schneller als die Bf 110.

Focke-Wulf Fw 190 A-1, W.Nr. 074, der 6./JG 26 im Herbst 1941. Die Maschine ging Ende April 1942 als „Weiße 3" nach Kollision mit einer anderen Fw 190 verloren. Der Pilot kam dabei ums Leben.

Supermarine Spitfire Mk VB des 57. sowjetischen Garde-Jägerregiments im Frühjahr 1943. Die möglicherweise gelben Streifen sind wahrscheinlich die verwaschenen Überreste eines Blitzsymbols.

Messerschmitt Bf 110 D der 4./ZG 76 vom Sonderkommando Junck mit irakischen Hoheitszeichen während eines Spezialeinsatzes im Mai 1941

Junkers Ju 88 C-2 der 2./NJG 2, geflogen von Leutnant Heinz Rökker. Die I. Gruppe des NJG 2 verlegte im November 1941 nach Catania auf Sizilien, die 2. und 3. Staffel später weiter nach Libyen

Brewster F2A-3 Buffalo, MF-3-01525, US Marine Corps. Geflogen wurde sie von Capt. John R. Alvord, der am 4. Juni bei der Abwehr des japanischen Angriffs auf Midway über See abgeschossen und als vermisst gemeldet wurde.

Grumman F4F-3A der VF-6 auf dem Träger USS Enterprise im Februar 1942, geflogen wurde sie von Lieutenant Wilmer E. Rawie.

Impressum

Verantwortlich: Martin Distler
Schlusskorrektur: Angelika Boese
Text: Herbert Ringlstetter
Zeichnungen: Herbert Ringlstetter –
www.aviaticus.com
Fotos: Sofern nicht anders angegeben,
Sammlung Ringlstetter
Layout und Satz: Helen Garner
Repro: Cromika, Verona
Herstellung: Anna Katavic
Printed in Italy by Printer Trento

**Sind Sie mit diesem Titel zufrieden? Dann
würden wir uns
über Ihre Weiterempfehlung freuen.**
Erzählen Sie es im Freundeskreis, berichten
Sie Ihrem Buchhändler, oder bewerten Sie das
Werk online.
Und wenn Sie Kritik, Korrekturen oder
Aktualisierungen haben, freuen wir uns über
Ihre Nachricht an den GeraMond Verlag,
Postfach 40 02 09, D-80702 München oder
per E-Mail an lektorat@verlagshaus.de.

Unser komplettes Programm finden Sie unter

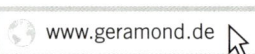

Alle Angaben dieses Werkes wurden sorgfältig
recherchiert und auf den neuesten Stand
gebracht sowie vom Verlag geprüft. Für die
Richtigkeit der Angaben kann jedoch keine
Haftung übernommen werden.

Sie sind auf der Suche nach weiterführender
Literatur zu historischer Luftfahrt? Dann
empfehlen wir Ihnen den Titel „Bomber und
Schlachtflugzeuge“ von Herbert Ringlstetter.
Oder Sie werfen einen Blick in unser Magazin
FLUGZEUG CLASSIC. Hier werden Sie
bestimmt fündig!

Die Deutsche Nationalbibliothek verzeichnet
diese Publikation in der Deutschen National-
bibliografie; detaillierte bibliografische Daten sind
im Internet über http://dnb.d-nb.de abrufbar.

© 2015 GeraMond Verlag GmbH, München

ISBN 978-3-95613-407-4

Ebenfalls erhältlich ...

ISBN 978-3-95613-405-0

ISBN 978-3-86245-326-9

ISBN 978-3-86245-329-0

ISBN 978-3-86245-307-8

Legenden der Lüfte

Das Magazin für Luftfahrt, Zeitgeschichte und Oldtimer

FLUGZEUG CLASSIC

9

FLUGZEUG CLASSIC

Ein Magazin von GeraMond

€ 5,90

Österreich € 6,50
Schweiz sFr. 11,50
Luxemburg € 6,90
Italien € 7,30
Schweden SKR 89,00

Sep. 2014

www.flugzeugclassic.de

Arado Ar 234
Wie der Jet die
Invasion ausspähte

Zeitzeugenbericht!
Die letzte Stuka-Crew
Feuertaufe an der Ostfront

Dornier Do 19 | Heinkel He 111 | Hawker Typhoon

Junkers Ju 388/Ju 488
Die letzten Highend-Flugzeuge
von Junkers

■ **P-51 Mustang**
Mitflug im Warbird

■ **Riesenflugboot**
Dorniers Gesellenstück

Handley Page Halifax
Zweite Karriere als Lastesel

■ **Film »Night Flight«**
Fliegerschatz der 30er-Jahre